Erich Röth

Bäuerliches Leben um 1900

Band V

Hausarbeiten der Bauersfrau

Aus dem Nachlass herausgegeben
von Diether Röth

Erich Röth

Hausarbeiten der Bauersfrau

Sprach- und volkskundliche Berichte

Verlag Rockstuhl

1. Auflage 2019

Dieses Buch wurde in die Deutsche Nationalbiographie in der Deutschen Bibliothek aufgenommen. http//dnb.ddb.de
ISBN 978-3-95966-451-6
Digitalisierung: Gitta Igel
Verlag Rockstuhl, Bad Langensalza
www.verlag-rockstuhl.de

Inhalt

Heutzutage verläuft das Leben der Frau auf dem Dorf, soweit es ihren Haushalt betrifft, kaum anders als in der Stadt. Lediglich die Verkehrsverhältnisse und die Einkaufsmöglichkeiten dürften für sie ungünstiger sein. In der Zeit um 1900, von der hier berichtet wird, war alles grundlegend anders. Während in der Stadt der Mann in der Regel der alleinige Verdiener war, die Frau vorwiegend Haushalt und Kindererziehung besorgte, hatte die Bäuerin auf beiden Schultern zu tragen und das mit jeweils doppeltem Gewicht. Denn auch in die Feldarbeit war sie mit allen ihren Kräften eingespannt. Während der Mann vor allem Getreidebauer und Viehzüchter war und alle schweren Arbeiten verrichten mußte, kam der Frau (neben der Tätigkeit in ihrem Gärtchen) besonders die Hackfrüchte zu, bei der sie außer Einsaat und Abfuhr die eigentlich Bestimmende war. Dazu kamen aber noch alle ihr zustehenden Arbeiten in Haus und Hof, so Teile der Viehfütterung, das Melken und die Käsebereitung, die Sorge um die Arbeitskleidung, das Kochen und Backen, die »große Wäsche« mit dem anschließenden Bleichen, alles um den Flachs Gehörende und viel anderes mehr. Es dürfte verständlich sein, daß bäuerliche Frauen schon um die Mitte der Fünfzig in hohem Maße »abgearbeitet« waren und trotzdem nicht ausruhen durften.
Über diese mannigfachen Tätigkeiten und Sachen wird im Nachstehenden ausführlich berichtet, soweit es um 1965, als diese Aufzeichnungen entstanden, noch zu erfahren und zu erfassen war. Und wieder wird ihnen das dafür gebrauchte mundartliche und schriftdeutsche Wortgut beigefügt und sprachgesetzlich erschlossen. Während nahezu vierzigjähriger Beschäftigung hat Erich Röth fast 4.000 Mundartbelege aus seinem Heimatdorf Flarchheim im südlichen Landkreis Mühlhausen/Thür. zusammengetragen. Heute werden sie von der »Arbeitsstelle Thüringer Dialektforschung« der Universität Jena verwahrt, sind jedoch dort unbeachtet geblieben, da das »Thüringer Wörterbuch« bereits abgeschlossen war. Und das »Etymologische Wörterbuch der deutschen Dialekte«, das zwar von der mitteldeutschen Mundart ausgeht, ist auf die Zeit »ab dem Mittelhochdeutschen« beschränkt und wird nicht weitergeführt. Da die Mundartwörter, die noch vor kurzem bei uns gesprochen wurden, von den germanischen Lautgesetzen, mit denen die Sprachwissenschaft unser gesamtes Wortgut erklärt, unberührt geblieben sind, müssen sie als »nichtgermanisch-indoeuropäisch« bezeichnet werden. Das ist damit zu begründen, daß die einst im heutigen Nordwestthüringen lebende Bevölkerung um 250 v.Chr. von wohl aus dem Raum des heutigen Mecklenburg einbrechenden germanisch sprechenden Landnehmern weder vertrieben

noch ausgelöscht, sondern nur dünn überlagert und zu Knechten und Mägden gemacht worden ist. Ganz ähnliche Verhältnisse hat der tschechoslowakische Urgeschichtsforscher Jan Filip für den mährisch-böhmischen Raum nachgewiesen, wo nach dem Einrücken keltischer Eroberer »das heimische Volk auf seinem bisherigen Boden größtenteils weiter wirtschaftete; allerdings bildete der Ertrag seiner Arbeit zumindest teilweise die wirtschaftliche Stütze der herrschenden Schicht«. Und für Nordwestdeutschland stellte der Kieler Sprachwissenschaftler Hans Kuhn noch für die vorrömische Eisenzeit fest: »wie die Kultur dieser Landesteile aus germanischen und örtlichen gemischt ist, muß es auch die Bevölkerung und ihre Sprache gewesen sein. Das beweisen vor allem die Massen erhaltenen Namengutes jeglicher Art, auch Personennamen, und in die neue Sprache übergegangener Vokabeln des täglichen Gebrauchs.« Ohne seine Veröffentlichung zu kennen, hat Erich Röth nahezu zeitgleich diese sprachgeschichtlich höchst bedeutsamen, doch von der Forschung weitgehend unbeachtet gebliebenen sprachgeschichtlichen Vorgänge (mit zahlreichen Beispielen auch in diesem Band) ebenso für Thüringen nachweisen können. Daß die dienstbar Gemachten für ihre Geräte und Arbeitsweisen, für ihren gesamten Alltag einen eigenen, nicht-germanischen Wortschatz hatten, versteht sich von selbst. Vieles von ihm ist im Laufe ihres sozialen Wandels in die allgemeine Umgangssprache »aufgestiegen« und vielfach erst im Alt-, im Mittelhochdeutschen und sogar erst in weit zeitnäheren Jahrhunderten erstmals belegt. Damit aber zeigt sich: unser heutiges Gemeindeutsch wird aus zwei weitgehend unterschiedlichen Quellen gespeist – der germanischen und der vorausgehenden nicht-germanisch-indoeuropäischen. Zur Erklärung germanischer Wörter stehen vollgültig und unwidersprochen die germanischen Lautgesetze zur Verfügung, zur Erklärung nichtgermanisch-indoeuropäischer müssen sie jedoch in die Irre führen. Das geschieht immerfort, weil man die deutsche Sprache als eine ausschließlich germanische versteht, die »Massen« aus dem Sprachschatz der Vorbevölkerung aufgestiegener »Vokabeln des täglichen Gebrauchs« und auch die Sachkunde unberücksichtigt läßt. »Ohne Sachkenntnis ist noch keine Etymologie geglückt«, hat Rudolf Mehringer schon 1909 erkannt.

Bei seinen jahrzehntelangen Feldforschungen in den mitteldeutschen Mundarten ist Erich Röth auf Wörter gestoßen, die laut- und bedeutungsgleich solchen aus dem Baltischen oder/und dem Altgriechischen entsprechen und die ebenfalls von den germanischen Lautgesetzen unberührt geblieben sind. Das kann doch nur heißen, daß sie bis in die Wurzelperiode des Indoeuropäischen zurückreichen müssen. Dabei sind ihm bisher weitgehend unbekannte oder unbeachtet gebliebene gesetzmäßige Lautumwandlungen und ganze Umwandlungsreihen aufgefallen, die teilweise bereits urzeitlich nachweisbar, auch in den angeführten Sprachen vorhanden und in den mitteldeutschen Mundarten noch in jüngster Vergangenheit produktiv gewesen sind, mit denen dieses Wortgut zwanglos und sachgerecht etymologisiert werden kann. Sollten damit Reste der »indoeuropäischen Grundsprache« wiedergefunden worden sein? Von einer sprachlichen Besonderheit der Flarchheimer Mundart oder von einem »Substrat« kann man selbstverständlich nicht sprechen. Flarchheim steht hier nur beispielhaft für den gesamten mitteldeutschen Landschaftsraum, der vom Eichsfeld bis zum Thüringer Wald und von der Werra bis zum Kyffhäuser und weit darüber hinaus reicht. Wegen des geringfügig abweichenden Sprachmaterials der nahegelegenen Vogtei Dorla vermutete der Verfasser, daß dort wohl gegen 1200 v.Chr. ein falisko-italischer Schwarm hängengeblieben sein könnte. Ebensolche Lotungen hat Erich Röth an vielen anderen Stellen des deutschen Sprachgebiets gewünscht und erhofft. Fast überall ist es dafür zu spät.

Zu den angeführten Mundartbelegen schreibt Erich Röth: Um die wirkliche Aussprache im Volksmunde wiedergeben zu können, bedarf es einiger zusätzlicher phonetischer Zeichen. Wir benutzen bekanntlich verschiedene a-, e-, i-, o-, u- Laute, stellen sie aber im Schriftbild nicht dar.
Die Mundartforschung verwendet verschiedene, die lautgerechte Aussprache kennzeichnende phonetische Zeichen, die den einfachen ländlichen Mitarbeitern jedoch zumeist unverständlich bleiben. Ich versuche deshalb, mit einer geringen Anzahl von Sonderzeichen auszukommen, die sich unmittelbar an die allgemein gebräuchlichen Buchstaben anschließen und trotzdem die lautgetreue Aussprache ermöglichen. Es werden verwendet:

a

helles kurzes a	- a (wie in Kasten, Rast, hastig)
helles langes a	- ā (wie in Saal, Mahl, Tal)
o-ähnliches a	- å (wie Fähre)

e

helles kurzes e	- e (wie in jetzt, Religion, Spelunke)
helles langes e	- ē (wie in See, mehr, erstes e in Rede)
offenes e	- ë (wie in Weg, fertig, Pferd)

unbetontes e	- ə (wie in haben, laufen)
i	
helles kurzes i	- i (wie in gib, ist, Ricke)
helles langes i	- ī (wie in Biest, siegen, wiegen)
dunkles kurzes i	- iͤ (wie in Kiste, List, friß!)
o	
kurzes o	- o (wie in oft, Roß, kosten)
langes o	- ō (wie in Moos, Ofen, Hose)
u	
helles kurzes u	- u (wie in Suff, Muff, knuffen)
helles langes u	- ū (wie in Ruhm, Kufe, rufen)
dunkles kurzes u	- ů (wie in Luft, brummen, Kunst)

Doppelselbstlaute sind grundsätzlich wie zwei nebeneinander stehende Selbstlaute zu lesen, also au = a/u , ai = a/i, ei = e/i. Die beiden letzteren werden im Druck als aï und eï wiedergegeben, doch dürfen sie nicht abgehackt gelesen werden, sondern ineinanderfließend wie unser gemeinsprachiges Kaiser, Maister, Waib. Die schriftsprachigen Doppelselbstlaute äu, eu erscheinen in grundsprachigen Texten sinngemäß lautgetreu als åi. Daneben gibt es ea = gelesen e/a, iu = gelesen i/u, oa= o/a, oi = o/i, ou = o/u, ůi = ů/i.«
Außerdem sind zu beachten:

š	= sch (wie im Ober- und Mitteldeutschen Stein, Sprache)
ch	= Zahn-Reibelaut ch (wie in ich, Michel, Brüche)
x	= Rachen-Reibelaut (wie in lachen, Sache, kochen) entsprechend dem gleichwertigen russischen x, х

Ferner sind zu beachten:

+	= vor Beleg (etwa +sar) = sprachwissenschaftlich erschlossen
>	= zwischen Konsonanten (etwa bh>f, k>h) = lautverschoben
gsp.	grundsprachig.

Einige diakritische Zeichen waren leider nicht zu beschaffen oder mußten ersetzt werden. Auch standen dem Verfasser in der damaligen DDR nur die ihm erreichbaren Handbücher zur Verfügung, der Zugang zu westlichen wurde ihm verwehrt. Dafür wird Verständnis erbeten.

HAUSARBEIT DER BAUERSFRAU

In allen kleinen Haushalten obliegt der Bauersfrau jegliche Arbeit in Küche und Stube, in Keller und teilweise auch in den Ställen, oft nur von erwachsenen Töchtern unterstützt. In größeren Haushalten mußten früher eine oder mehrere Hilfskräfte hinzugenommen werden – und da die Hausfrau immer eng mit ihnen zusammenzuarbeiten genötigt war, diese »Magd« genannten Hilfskräfte (wie ebenso die Knechte) als zur Familie gehörend betrachtet wurden, war von vorherein ein gutes Einvernehmen mit ihnen Voraussetzung. Gab es im Dorf Schulmädchen, die der Hausfrau sympathisch und auch für eine derartige Stellung geeignet waren, dann wurden sie von ihr bei jeder nur passenden Gelegenheit bevorzugt behandelt: sie suchte mit der betreffenden Familie in freundschaftliches Verhältnis zu kommen. Derartige Mädchen wurden vielfach auch von anderen Hausfrauen umworben: sie wurden von ihnen mit kleinen Geschenken gefeescht. War die Auswahl gering, dann nahm das Feeschen oft wenig schöne Formen an. Hatte das Mädchen (der Junge) seine Wahl getroffen, dann besuchte es (er) zusammen mit Vater oder Mutter – meistens an einem Sonntag – die betreffende Bauersfrau, um sich über Entlohnung, Wohngelegenheit und Bekleidung zu einigen, also einen mündlichen Vertrag abzuschließen. Keine Seite hätte es gewagt, diese Vereinbarungen zu brechen, denn eine wortbrüchige Bauersfrau hätte so leicht nicht wieder eine Mithilfe bekommen, das Mädchen schon etwas leichter eine neue Stellung. War bei der Aussprache eine Einigung zu beiderseitiger Zufriedenheit erzielt, dann erhielt der Vater oder die Mutter einen Lipf in Form eines Talers.

Nun lag es bei der Magd weitgehend an der Hausfrau, beim Knecht am Bauern, ob diese Helfer bald wieder »abzogen« oder jahrelang blieben. Geschah dies bis zur Verheiratung, dann übernahm die Bauernfamilie vielfach die Ausstattung, denn Knecht oder Magd waren ja in vieler Hinsicht Familienangehörige geworden. Freilich wurden gute und in jeder Weise anstellige und verträgliche Knechte und Mägde von anderen Bauern immer wieder einmal durch Feeschen abspenstig zu machen versucht – doch das als »Britschen« bezeichnete öftere Wechseln der Arbeitsstelle fiel schließlich abwertend auf sie selbst zurück.

Blieb aus irgendeinem Grunde die Hausfrau auf sich allein gestellt, dann hatte sie ihren »dråsch = Drasch« von morgens bis abends, ihren »dåmf =

Dampf« ohne Unterlaß, ihren Schwulst, »do hät sə ērə schi̊kkən = da hat sie ihre Schicken«, um Tag für Tag »rund zu kommen« und alle ihre obliegenden Arbeiten erledigen zu können.

Selbstverständlich kann sie bei derartigen Arbeiten nur ihre »wardoagssåxən = Werktagssachen« tragen, und oft sind ihre »lůindən = Lumpen« gerade gut genug zu schmutzigen Beschäftigungen – und selbst Pfarrer und Schulmeister rümpfen nicht die Nase, wenn die nur »leadi̊j ůn gānz = ledig (von Löchern odere Schmutz) und ganz« sind. All dieses zu Dreckarbeiten noch verwendbare »gəlumbə = Gelumpe« hängt sonst auf einem Nagel hinter der Tür der Futterküche oder des Kammrücks.

Wie der Bauer bei derartigen Arbeiten das »scherzfall = Schürzfell« trägt, so die Hausfrau zum Schutz der noch einigermaßen ansehnlichen »Werktagssachen« eine »scherzəl = Schürze«. Die Haare schützt sie im Sommer mit einem leinenen, im Winter mit einem wollenen »låppən = Lappen (Kopftuch)«. Noch zu Beginn des zwanzigsten Jahrhunderts trugen ältere Frauen stattdessen einen Huller aus Wollstoff, der wulstartig um den Kopf gelegt war.

Feuer »machen«

Im Bande »Bäuerliche Tätigkeiten in Scheune, Stall, Haus und Hof« ist bereits ausführlich über die des Bauern berichtet worden, weshalb hier nur von den der Hausfrau obliegenden Arbeiten gesprochen werden soll. Sie ist es ja, die in den meisten Fällen in frühester Morgenstunde die Feuerung in Gang bringen und auch tagsüber in Gang halten muß. Ist ein Kleinkind im Haus, dann macht bereits das Anwärmen der Trinkmilch in der Nacht vielfach Schwierigkeiten. Dazu wurde keineswegs der Ofen eingeheizt, sondern in einem Tontöpfchen wurde die Milch über einem Zogelicht angewärmt.

Das »Anmachen« des Feuers ist meistens die erste Tagesarbeit der Frau. Bereits am vorhergehenden Tag waren der Strohwisch, die Zinken, das gespellte Holz – meistens von größeren Kindern des Hauses – vorsorglich herangetragen worden. Noch bis zum Ende des neunzehnten Jahrhunderts wurde vielfach mit Feuerstein und -stahl unter Verwendung des Zunders gekipst, bis ein Flämmchen aus den Funken »oangəblosən = angeblasen« worden war. Das war früher eine zeitraubende und beschwerliche Arbeit.

Denn war beim Feuerbohren oder -quirlen ein Funke ins Holzmehl, war beim Kipsen ein Funke in den Zunder geraten, dann mußte durch gefühlsames Anblasen der Glühkörper ganz allmählich vergrößert werden, bis endlich ein Flämmchen erzeugt worden war. Wurde bei den alten großen Kachelöfen mit oft schlechtem »Zug« ein Strohwisch unter die Holzspreißel gelegt und angekipster Zunder eingelegt, dann mußte ein Blasrohr und in jüngster Vergangenheit ein mit der Hand betriebener Blasebalg zu Hilfe genommen werden, um die Flamme hervorzurufen. Die verbesserten Öfen, aber auch Schwefelhölzchen seit etwa 1832 und Zündhölzchen seit 1903 haben das Anblasen fast überflüssig gemacht. Sorgsam waren an Winterabenden vom Hausvater aus dürrem und harzreichem Fichtenholz Spreißel geschnitten worden, die etwas stärker als unsere heutigen Streichhölzer und etwa dreimal so lang waren. Sie lagen früher in Stärke einer Hamfel bei jedem Ofenloch, um nötigenfalls einen herausziehen und verwenden zu können. Möglicherweise ist mit diesem Wort der örtliche Name für den urzeitlichen Kienspan erhalten geblieben, in Kammerforst dafür nach Ausfall des ersten Wortteils »špiənə = Späne.«

Sollte rasch Hitze erzeugt werden, dann langte (holte) die Hausfrau einige »hairīsər = Hegereiser« (Hegereisig) herbei, das waren Teile eines im Stehen dürr gewordenen Buchenstämmchens. Frauen, die Leseholz im Walde sammelten und es als Wellen quergelegt über ihren Rückentragekorb nach Hause trugen, bevorzugten derartiges Hegereisig. Sollte große Hitze für längere Zeit anhalten, dann wurden »štekk = Stöcke« aufgelegt, die natürlich ein verhältnismäßig großes Feuerloch bedingten. Derartige »Stöcke« waren von den Holzhauern oder Helfern der Laubgenossenschaft mühsam aus dem Waldboden herausgearbeitete mehrjährige Buchenstümpfe mitsamt den Wurzelansätzen, und man sagte dazu »Klëtzər mâch = Klötze machen«. An die Stelle des Feueranblasens (oanblōsəns) mit dem Blasrohr trat später vielfach ein beim Händler gekaufter Blasebalg. Das Brennholz mußte trokken sein, keinesfalls aber klamm. War das der Fall, dann glummte es nur, gab aber kein helles Feuer. Kinder in der Nähe des Feuerlochs waren zu allen Zeiten unangebracht, denn allzu gerne gokeln sie am Feuer herum und verursachen dann leicht einen Brand. Ist in das Feuerloch allzuviel Holz auf einmal gesteckt worden, so mit Holz vollgepackt worden, daß die Ofenplatte zu glühen beginnt, dann ist »ůffgəbaimt = aufgebäumt«, gewissermaßen »mit Bäumen gefüllt« oder »īngəkåχəlt = eingekachelt«, in der Vogtei Dorla »īngəbōlt = eingeboolt« worden. Ein Luschchen an kalten Sommertagen wird auch als Huschchen bezeichnet.

Vorarbeiten zur Viehfütterung

Das Futterschneiden (Häckseln), Zerstoßen der Runkeln, das Zubereiten der Seede, früher auch das Vorquellen des Schrots war weitgehend Männersache. Die Arbeit der Frau bezüglich der Viehfütterung besteht weitgehend im Kochen der Kartoffeln und dem Heißmachen des Wassers. Kartoffeln sollen möglichst gekocht werden, weil sie roh wegen des in ihnen enthaltenen Solanins unsern Hausschweinen (die ja am meisten mit ihnen gefüttert werden) auf die Dauer unzuträglich sind. Bis zum Beginn des zwanzigsten Jahrhunderts wurden sie in eisernen Töpfen oder in größeren Haushalten auch im Kessel gekocht, seitdem aber im Dämpfer gedämpft, weil dabei alle Nährstoffe erhalten bleiben. Die Kartoffeln werden meistens von den Männern aus dem Keller in den Dämpfer getragen, während die Frauen das Feuer unterhalten.

Das in der Wasserpfanne des großen Bauernofens befindliche Wasser reichte für die Viehfütterung nicht aus, weshalb stets auch noch auf dem Küchenherd angefeuert und im dazugehörigen Kessel, sowie in Töpfen Wasser aufgesetzt werden mußte. Meistens braucht das Wasser nur laulich bis lau zu sein. Beginnt es zu sprickeln, das heißt, es steigen allmählich Luftbläschen auf, dann ist die unterste Kochgrenze erreicht. Bald beginnt es zu wallen und schließlich zu sprudeln, wobei es über den Topfrand hinweg spritzt. Der Bauer spricht in diesem Fall, das Wasser bullere, und das hörbare Rumoren im Topf nennt er »buldərn = poltern« und vergleicht es mit dem oft geheimnisvollen und unheimlichen nächtlichen Getöne auf dem Obersten Boden seines Hauses. Kocht das Wasser wild durcheinander, dann heißt es »s ko^{x}t wī gōrn = es kocht wie Garn«. Singt das Wasser im Topf, dann kündigt sich eine Wetteränderung an: es beginnt kälter zu werden.

Wird die Bäuerin anderwärts aufgehalten und kann die Wassertöpfe nicht vom Feuer nehmen, dann beginnt es immer mehr zu brudeln, bis schließlich der Brudel die ganze Küche füllt, vielfach auch Däum genannt, besonders wenn überkochende Milch oder auf der heißen Ofenplatte überkochendes Fett qualmt und in die Augen beißt. Verkocht das Wasser im Topf, ohne daß er vom Feuer genommen wird und brennen Speisen an, dann riecht es brennerning, in Oberdorla »brangjt« genannt. In diesem Fall wird auch der Däum schließlich aufgesogen, und heiße Wärme schwebbelt in der Küche. (Dagegen ist flirrende trockene und heiße Sommerluft eine Dämse).

Wird kochendes (oder auch kaltes) Wasser in den Futtereimer geschüttet und ein Teil schwabbt über, dann ist dies eine Flutsche, die nun als zusätzliche Arbeit mit dem Scheuerlappen aufgeditscht werden muß. »Blankes Wasser« erhalten zumindest die Schweine niemals, sondern mit Zutaten (etwa Kartoffeln, Schrot oder Kleie usw.) versetzt, so daß der Eimerinhalt entweder durch Schütteln oder mit einem Stock gefatschelt oder auch mit der Hand »gəmänt = gemengt« werden muß.

Unangenehm wird in unserer Gegend empfunden, daß das kalkhaltige Wasser im Topf Dubb absetzt; zuerst tritt er als eine Art Schaum auf, schließlich bildet er an den Topfwänden und auf dem Topfboden Wasserstein. Er ist nur schwer zu lösen und macht den Topf schließlich unbrauchbar.

Die tägliche Stubenarbeit

Das eigentliche »Blankmachen« ist dem Sonnabend vorbehalten. Dazu gehörte früher auch das Scheuern der Holzfußböden mit nachfolgendem Ausstreuen des Sandes. Aber einige Säuberungsarbeiten sind doch auch alltäglich notwendig.

So müssen täglich die Betten »gemacht«, das heißt eigentlich, es muß aufgebettet werden. Das war früher nicht so einfach wie heute, denn auf den Brettern lag eine Lage gereinigtes Roggenstroh, und der Strohsack war mit Gerstenstroh gefüllt. Beide mußten aufgeschüttelt werden.

Die nächste Arbeit ist das tägliche Auskehren mit dem Stubenbesen, und das zumindest oberflächliche Staubwischen. Dazu wird ein zusammengeknulgerter Stofflappen, für gröberen Schmutz auch ein Flederwisch verwendet, heute vielfach ein gekaufter aus Borsten bestehender Kehrwisch mit Kehrbrett. Noch zu Beginn des zwanzigsten Jahrhunderts wurden stattdessen Flederwische (getrocknete Gänseflügel) oder Federfittiche (ausgebreitete Gänseflügel) benutzt. Mit dieser Beschäftigung kann sich eine ordentliche Bauersfrau wochentags allerdings nicht lange aufhalten – wer trotzdem auch das letzte Fusselchen wegzubunseln versucht, der kommt nicht voran und wird mit Recht als Bumbel oder Alte Meeken beschimpft. Das gleiche ist der Fall, wenn eine Bauersfrau wochentags am Messinggerät so lange fummelt, bis es blitzblank ist, wenn sie Kissen und Decken oder Sofa und Kanapee mit der dreißig Zentimeter langen Klopfbietsche mit den sechs oder sieben fingerbreiten Lederriemen bearbeitet – mit einem Wort: wenn sie blänkert, denn dazu ist der Sonnabend bestimmt.

Die Arbeitserleichterung beginnt schon tags zuvor durch ein vernünftiges Ordnunghalten. Wer seinen Hausgrätsch einmal hier- und das andere Mal dahin rückt, ihn womöglich auch noch halsbrecherisch herumsteetselt, wer auf Kammrück und Eckbrett ein ständiges wüstes liederliches Gekeecher hat, wer Kleidungsstücke und Arbeitsgerät abends nicht an den vorgesehenen Platz bringt, sondern herum kepert – der hat eine von allen Bekannten verachtete Herber, »dås ës miͤch awər ënnə hërbər«. Und der (oder die) braucht sich nicht zu wundern, wenn es den ganzen Tag kein Fertigwerden gibt. In Oberdorla hat gsp. kējərn die Bedeutung von »klettern«.

Der tägliche Abwasch

ist im bäuerlichen Haushalt gleich wichtig wie im städtischen. Man kannte bis zum Ende des neunzehnten Jahrhunderts von dem täglich im Gebrauch befindlichen Geschirr außer Messer, Gabel und Löffel mit der Schöpfkelle die Teller und Schüsseln, den Tassenkopf und die Untertasse, Näpfe und Gläser, dazu Dupf, Räps und Jütte. Mit Ausnahme der Gläser war alles Tonware. Das im Haus befindliche Zinn und Kupfer wurde nur selten verwendet, und dann an besonderen Festtagen. Steintöpfe wurden nur für Einmachzwecke verwendet; besonders beliebt waren die grauen »Koblenzer« mit glasierten blaufarbigen Zeichen. Zum Kochen wurden durchweg eiserne Töpfe bevorzugt.

Die ovale 30 x 50 cm große, früher allgemein übliche Aufwaschgelte wurde vom dörflichen Büttner aus Holz angefertigt. Wenn sie nicht gebraucht wurde, hatte sie zum Abtrocknen ihren Platz vielfach unter der Eimerbank. Abgewaschen wurde selbstverständlich genauso wie auch noch heute. Nach dem Abwasch wurde jedoch nicht gespült, sondern geschillt. Wer oberflächlich abwusch, von dem wurde in vorwurfsvollem Ton erklärt, er habe nur schille-schille gemacht. Wer »drakk in dn fuətən = Dreck in den Pfoten« hat, also unvorsichtig arbeitet, wer also burrig ist, bei dem geht es oft genug »broch!« oder auch »broch, Hånnə = broch, Hanne!« und der Tontopf, das Glas liegt zerbrochen auf dem Steinfußboden der Küche.

Früher war es üblich, das Tongeschirr nicht abzutrocknen, sondern die Töpfe »ůff də štåkētən = auf die Staketen« zu »štertsən = stürzen«, die vor dem hofseitigen Hauseingang einen kleinen freien Raum gegen die zudringlichen Hühner, Gänse und Enten abschlossen. Als sie beseitigt wurden, weil sie doch ziemlich hinderlich waren, blieb es bei dieser Gewohnheit, wenn die den Hof oder die Miste gegen das Nachbargehöft abschließenden Staketen nicht allzu entfernt von der Küche waren. Im anderen Fall wurde neben dem Küchenausgang hofseitig eine »Diͤpfənbånk = Töpfebank« zum gleichen Zweck angebracht; das war ein meistens drei Querbretter bildendes Regal mit vorgesetzten Leisten, auf die alle abgewaschenen Töpfe mit der Öffnung nach unten gelehnt werden konnten, damit sie abtropften. In einigen Familien nannte man es »diͤpfənbrāt = Töpfebrett«.

Teller, Tassen und Schüsseln wurden auch zu der Zeit, als sie weitgehend aus Ton bestanden, bereits »obbgətriͤkkəlt = abgetrocknet«, dann aber auf ein in der Küche angebrachtes »schiͤssəlbrāt = Schüsselbrett« oder auch »dipfənbrāt = Töpfebrett, in der Vogtei Dorla »rēpsərbrāt = Räpserbrett« gestürzt, also mit der Öffnung nach unten aufgesetzt. Befand sich in der Küche ein Eckbrett oder auch ein Kammrück, dann mußten die Töpfe so vorsichtig aufgesetzt werden, daß sie nicht herunterschusselten, was in der Vogtei Dorla als herunterschurren bezeichnet wird. Wenn sie abgetrocknet wurden, dann nahm die Hausfrau dazu keine gekauften Handtücher, sondern unbrauchbar gewordene Tischtücher oder auch Leibwäsche.

Die Schlußarbeit des täglichen Abwaschs bildet das Reinigen der Messer und Gabeln. Sie wurden mit Buchenasche unmittelbar aus dem Feuerloch gescheuert, wobei ein Korkstöpsel (gsp. štepfəl) das Scheuergerät bildete. Zum Reinigen von Zinn- und Kupfergerät verwendete man ebenfalls Buchenasche, aber mit einem Heuwisch verrieben, meistens aber Zinn- oder Kannkraut, das bei manchen auch Taubenkropf hieß.

Das Abwaschwasser enthält natürlich alle in Schüsseln und auf Tellern verbliebenen Reste der menschlichen Ernährung, die der Bauer selbstverständlich nicht umkommen läßt. Er sammelte sie zur Fütterung der Schweine in einem Gespüligfaß, in der Vogtei Dorla Fleunschfaß genannt. Beim Geschirrabwaschen wird oft genug gefleunscht, das heißt das Spülwasser wird dermaßen in Bewegung versetzt, daß es über den Geltenrand quatscht und schließlich eine Flutsche in der Küche bildet, die dann erst wieder aufgeditscht, aufgetunkt werden muß, auch »ůffgədischəlt = aufgedischelt«.

Ist die Aufwaschgelte gereinigt und oberflächlich »obbgətri̊kkəlt«, alles aufgeräumt und nichts zerdippert, die Hände am »trekkəldůx = Tröckeltuch (Handtuch) in Oberdorla: Hāndzwallən« (Zwehle) abgetrocknet…dann kann die nächste Arbeit beginnen.

Flicken und Stopfen

Diese Arbeiten der Hausfrau sind freilich dem Abend vorbehalten – nur muß oft rasch auch tagsüber etwas geflickt oder gestopft werden, wenn ein »rets = Ritz« oder ein nach allen Seiten gerissenes Loch, wenn sogar ein richtiger »råtsch = Ratsch«, eine »dreïångəl = Dreiangel« oder »semmən = Sieben« in Rock oder Hose eine »flåtschən = Flatsche« hat entstehen lassen, die dann weit herunterhängt.

Gerade wenn es schnell gehen soll, verfitzen sich leicht die Zwirnsfäden, so daß die nähende Hausfrau buppersch oder ganz fickerig wird. Wenn sie dann ein Loch nur zusammenfutzt, dann darf man es ihr nicht allzu übel nehmen. Ein nur zusammengefulkstes Loch im Strumpf kann unangenehme Folgen haben, denn solch ein Dutz drückt ganz gehörig und kann Blasen verursachen. Kommt in diesen Ablauf der hausfraulichen Arbeiten zu unangebrachter Zeit jemand zu Besuch, dann entschuldigt er sich vielfach mit den Worten: »meï wůnn əmōl də fīršteadə bəsiə = wir wollen einmal die Feuerstätte besehen«. Diese Besichtigung durch polizeiliche Anordnung erfolgt ja oft genug zu umpassender Zeit, und der oft nur aus Neugierde gemachte Besuch wird vom Besucher selbst so eingeschätzt.

Flicken und stopfen, nähen und stricken

Zu diesen oft täglich erforderlichen Arbeiten sitzt die Hausfrau gern am gleichen Platz, wo heute ihr Nähkasten oder ein Nähtischchen steht, früher auf einem Nagel an der Wand Schere und Fingerhut hingen und verschiedene Arten von Nadeln in der Tünche der Wand oder in der Tapete steckten. In nächster Nähe stand auch die Hitsche (Fußbank) zum Hochstellen der Füße, was alles Arbeiten ganz erheblich erleichtert.

Eine bedachtsame Hausfrau teilt ihre Arbeit gut ein: zuerst näht sie die Knöpfe oder auch »håft ůn schli̊ngən = Heft und Schlinge (Haken und Öse)« an und geht dann von der leichteren zur schwereren Näharbeit über. Dabei macht sie keinen Unterschied in der Sorgsamkeit, ob für den Werktag gerade noch verwendbares »gelůmbə = Gelumpe« oder das »sůindoagssåxən = Sonntagssachen« auszubessern ist. Zuletzt kommen die größeren Schäden an die Reihe.

Ist ein Flicken einzusetzen oder ein »Pflaster« aufzusetzen, was nur beim »wardoagssåxən = Werktagssachen« möglich ist, dann muß aus älteren nicht mehr tragfähigen Kleidern ein etwa passendes Stück herausgeschnitten werden. Der Flicken wird dann aufgepaßt, an zwei zusammenstoßenden Seiten mit Spanneln (Stecknadeln) oder auch einem »hachchəlmånn = Hechelmann (Sicherheitsnadel) festgesteckt und »ewwərwëngsch = überwendig« an- oder aufgenäht, das heißt, sowohl der Lochrand des Kleiderstoffes als auch der Flickenrand werden kurz umgeschlagen, damit sie später nicht auffransen.

Wer beim abendlichen Nähen oder besser Flicken noch futzt, von der wird mit Recht gesagt, das sei aber ein »wīͤstəs flīͤkkən = wüstes Flicken«. Die Frau habe aus lauter Unachtsamkeit oder Unlust »ewwərhait hën gəniət = überhait hin genäht«, also flüchtig und ungenau. Eine solche Feststellung bereitet keiner Hausfrau Ehre. Das gleiche gilt, wenn sie ein kleines Loch in Rock und Hose nicht ordnungsgemäß gestopft, sondern nur »zəsåmməngəzūft = zusammengezuft«, zusammengezogen hat. Bei sauberer Arbeit ist es kaum zu sehen, beim Zusammenzufen bildet es jedoch einen allen sichtbaren Dutz.

Soll ein Kleid für Frau oder Tochter gearbeitet werden, dann kommt die »nätərschən = Nähtersche« ins Haus, früher auch »niəpərschən« genannt – woraus sich ergibt, daß die nur scherzhaft gebrauchte Bezeichnung »niəpnållən« für die Nadel eine lautliche Vorform gehabt haben muß, da ja »nållən = Nadel« noch öfter verwendet wird. Von ihr wird selbstverständlich verlangt, daß sie ordentlich zu nähen versteht, an irgendeiner Stelle des Kleides keinen Dutz hineinnäht und lieblos-gleichgültig nur alles zusammenfutzt, eben »ewwərhait niət = überhait näht«. Vor allem die Datschen am Ärmelende müssen gut sitzen, denn auf die Hände sehen Neugierige zu allererst. Wenn in der Vogtei Dorla der gestickte Kragen als Datschen bezeichnet wird, dann ist das eine spätere Übertragung, denn der Datsch ist ein altes Erbwort für Hand. Fuckst die Näherin das Kleid nur mehr schlecht als recht zusammen, läßt sie sogar die Fäden der Nähte herunterzampeln – dann war sie sicher das erste- und zugleich das letztemal im Haus. Denn dann sind auch die Nähte dermaßen schlecht, daß sie bald »ůffrånsən = auffransen« werden. Auch beim Strümpfestopfen dürfen die Löcher nicht zusammengezuft werden, da ein dadurch entstandener Dutz sehr zu schmerzen vermag. Wer schlecht stopft, von dem sagt man, er fulkse. Soll ein mehrfach gestopftes Strumpfpaar nochmals ausgebessert werden, dann werden die Fußteile »ůffgədratəlt = aufgedratelt« oder auch »ůffgədransəlt = aufgedranselt«, das heißt die Wollfäden werden aufgezogen und zu einem Knäuel aufgewikkelt. Die Strumpflängen sind haltbarer, weshalb sie erhalten bleiben und nur »vergəbⁱ̄st = vorgebust« werden, das heißt es werden Fußteile erneut angestrickt. Das geschieht noch immer mit dem früher hölzernen, heute eisernen Hoostock (Stricknadel).

Schließlich sei noch kurz erwähnt, daß es bis zum Beginn des zwanzigsten Jahrhunderts üblich war, daß besonders junge Mädchen stickten. Zum Erlernen diente ein beim städtischen Einzelhandel erworbenes Modeltuch, vielfach auch »niədůx = Nähtuch« oder auch nur Nählappen genannt.

brandig (brangjt –Adj.). = nach Angebranntem riechen. Es ist die Vogteier Lautform, die noch immer gt. brannjan (brennen machen) entspricht.

britschen (brⁱtschən –V.) = ständig die Arbeitsstelle wechseln, eigentlich immer wieder andere Türen öffnen und schließen. – Siehe »Sind wir Germanen?“ Seite 221f.

broch! (broch! – Interj.) = Ausrufewort, das beim Niederfallen eines Gegenstandes verwendet wird. – *broch, Hanne!* (brox, Hånnə – Interj.) = Verstärkung des Ausrufs mit gutmütigem Unterton. – Das nirgends belegte Ausrufewort möchte man zu der Grundbedeutung »brechen« stellen, doch stimmt die Tatsache damit nicht überein, da nicht unbedingt ein Zerbrechen dazugehören muß. Es ist eher an das unerklärbare gr. prochéō (ergießen, ausgießen), próchysis (das Hingießen, das Ausschütten), próchny (in die Knie sinken, knielings) zu denken. Wenn dann das vielfach zusätzliche Hanne als heth. ḫanna (Großmütterchen), hanna-hanna (Göttin Erdmutter) oder die semnonische Seherin Ganne gedacht werden darf, würde es zu den nichtgermanischen Kulthandlungen zu rechnen sein, etwa dem Niederschlagen des menschlichen oder tierischen Opfers.

Brudel (brudəl – M.) = Brodem, heißer Dunst in der Küche. – Das in dieser Lautform nirgends belegte Wort aus ideur. +bh(e)rē (heiß aufwallen) führt die erschlossene germanische Grundform +brudha (brodeln) bis in die Gegenwart weiter »du häst abər wëdər əmōl ënn brudəl in dr kiͤchən = du hast aber wieder einmal einen Brudel in der Küche!« Ist der Brudel so dicht, daß man kaum noch hindurchsehen kann, dann wird daraus ein Bruddel.

bullern (bullərn –V.) = kochendes Wasser schlägt Blasen und rumort im Topf. Auch kleine Jungen (nicht Mädchen!) »bullern«, wenn sie Urin lassen. – Das zwar im Duden geführte, aber nicht erklärte Wort gehört zur Wurzel ideur. +bhel (lärmen, schallen, lauten) entsprechend nhd. poltern. Es ist Iterativ zu einer Wurzel, die auch unser nhd. bellen ergeben hat, weshalb es als germanisch angesehen werden muß. Dazu lat. bulla (Wasserblase), weshalb auch falisko-italische Herkunft möglich ist.

bubbersch – aufgeregt, siehe »Lebensfeste…« Seite 127.

Bumbel (bůmbəl – F.) = faule Person, besonders oder fast ausschließlich Frau infolge ihrer Dickleibigkeit. »s ës ënnə riͤchtjə bůmbəl = es ist eine richtige Bumbel«. – Das nirgends belegte Wort gehört wohl zum unerklärbaren nhd. bummeln, dessen Bedeutung im Bummler (umherschlendernder Nichtstuer) deutlich wird. Ihm entspricht das ablautende lit. bampsóti (faul herumliegen), bamblȳs (faulenzend herumlungerndes Kind), lett. bumba (Kugel, Ball) aus ideur. +gem (voll oder gepreßt sein) entsprechend lat. gumia (Fresser). Es hat also die vorgermanische Lautverschiebung g>b stattgefunden.

Dampf (dåmf – M.) = Anstrengung, selbstübernommene Verpflichtung zur Erledigung einer Arbeit. »sē hät ērən dåmf = sie hat ihren Damf«, hat außerordentlich viel Hausarbeit zu erledigen. – Man ist geneigt, das Wort mit dampfen (Rauch ausstoßen) in eins zu setzen, zumal man ja auch von einem Geistesschaffenden sagt, er arbeite so sehr, daß der Kopf rauche. Die erkannte enge Beziehung unserer Grundsprache zu den baltischen Sprachen und dem Altgriechischen läßt eine p-Erweiterung der Wurzel ideur. +dam (bändigen, zwingen, zähmen) erkennen entsprechend gr. damázō (bändigen und unterjocht sein; zähmen, bändigen), zumal trotz Menge-Güthling gr. damār (Hausfrau; Gattin, Ehefrau) wohl die Bedeutung »im Hause schaffend« oder »an die Hausarbeit gebunden« aus ideur. +dam zuzuerkennen ist.

Dämse – stickige Luft, siehe »Bauer als Ackermann«, Seite 145.

Datschen – Ärmelaufschlag, siehe »Sind wir Germanen?« Seite 272 ff.

Däum (dåim – M.) = Dampf, Dunst. »du häst abər wĕdər ĕnn dåim in dr štommən = du hast aber wieder einen Däum in der Stube!« – *daimen* (daimənV.) = beizend qualmen, beißend rauchen. »s daimt wĕdər əmōl, daß mə s ni̊ch ūsgəhāl kånn = es daimt wieder einmal, daß man es nicht aushalten (ausgehalte!) kann«. – Die Meinung Oskar Schade's, gt. dauns (Duft, Geruch) habe sich weiterentwickelt zu ahd. doum, toum (Dampf, Dunst; Duft, Geruch), erweist sich bei Vergleich mit dem Griechischen als falsch. Zugrunde liegt ideur. +dhu (heftig bewegen, wallen, wirbeln), daraus gr. thȳma (Brandopfer), thȳmiāma (Opferrauch, Weihrauchopfer) und Zubehör. Das Wort geht unwiderlegbar auf das Brandopfer der vorchristlichen Zeit zurück.

dranseln (dransəln –V.) = Wollfäden auseinanderziehen. – Das in der Vogtei Dorla übliche Wort ist falisko-italisch, wie lat. trans (über…hin) entnommen werden kann, so lat. transfigūro (umformen, umgestalten, verwandeln), transūmo (herübernehmen, an sich nehmen) und Zubehör. Die Lautform ist älter als das Lateinische. In Flarchheim spricht man stattdessen »drateln«.

drateln (dratəln – V.) = einen schadhaft gewordenen Strumpf, Rocksaum, Strick aufziehen. »luəs, dratəl əmōl dn štrůmpf ůff = los, dratele einmal den Strumpf auf!« – *aufdrateln* (ůffdratəln – V.) = auflösen. – Das nirgends belegte Wort entstammt ideur. +der (spalten, zersprengen), nur vergleichbar gr. dratós (abgehäutet), nach nichtgerm. Lautverschiebung t>s lit. draskýti (zerren, reißen), draĩskalas (abgerissenes Stück, Fetzen), lett. draiskât (reißen), nach vorgerm.-ideur. Lautverschiebung t>p jedoch lit. drãpana (Tuch, Kleidung, Wäsche), russ. drjapatb (kratzen, reißen), poln. drapać (kratzen, schaben). Nach Julius Pokorny entstammen frz. drap (Tuch), drapeau (Fahne) als »das Gerissene, eben Gedratelte« dem mitteldeutschen Nichtgermanisch.

Dubb (dubb – M.) = beim Kochen von kalkhaltigem Wasser entstehender Schaum. – *Dubbstein* (dubštain – M.) = Wasserstein. – *dof* (dof – Adj.) = nicht taub, sondern wertlos. Dofe Walnüsse haben Kerne ohne genügendes Fruchtfleisch entwickelt. – *Tuff* (duff – M.) = lockerer und poröser »steiniger« Werkstoff, der noch Ende des neunzehnten Jahrhunderts gern zur Füllung der Fachwerkswände von Wohnhäusern, besonders aber der Scheunen und Ställe verwendet wurde, da er luftdurchlässig ist und der Gesunderhaltung von Getreidegarben, Stroh, Klee und Heu, vor allem aber des Stallviehs dienlich ist. Das ursprünglich oskische (also der westdeutschen oskischen Grundsprache entstammende!) Wort erscheint als lat. tōfus, tūfus, daraus südital. tufo (Tuffstein) und wird mit der Sache zu ahd. tub-, tufstein entlehnt, ist damit ein nur »scheinbares« Lehnwort. – Gsp. dubb ist die unmittelbare Weiterführung von ideur. +dhubh (stumpf, wertlos; betäubt sein), das im Germanischen und späteren Deutschen nur in der Bedeutung »taub, töricht sein« weiterläuft.

Dutz (dutts –M.) = aufbeulende Stelle an einem schlecht gearbeiteten Kleid, die einer Mutterbrust gleicht. – Das Wort ist Nebenform zu ideur. +dhī (saugen, säugen), daraus beispielsweise titthē (Brustwarze), tytthós (klein, jung), im Germanischen unbekannt, das aber im Deutschen aus einer nichtgerm. ideur. Grundsprache aufsteigt zu ahd. tuttā, tutā, tutto, tutti, mhd. tutte, tute (weibliche Brust, Brustwarze). Unser Wort »Tüte« ist deshalb keineswegs etwas »Hornförmiges«, sondern urzeitlich das »Mutterbrustähnliche«.

einbolen (īnbolən – V.) = viel Holz in das Ofenloch werfen. – Das im Gemeindeutschen nicht belegte Wort ist vorgermanisch aus ideur. +bol oder auch ideur. +g(w)el (werfen, treffen) entsprechend gr. bolḗ (Werfen, Wurf), bolís (Geschoß, Pfeil), das im Germanischen unbelegt ist, jedoch im Deutschen aus einer nichtgerm.-ideur. Grundsprache aufsteigt zu ahd. bolōn, daraus mhd. boln (werfen, schleudern; wälzen), dem auch unsere von der Etymologie falsch gedeuteten nhd. Böller (Schleudermaschine), Bollwerk (Standwort einer Schleudermaschine) entstammen.

einkacheln (īnkåχəln –V.) = ein Feuerloch des Ofens dicht bis obenhin mit Holz vollpacken »du häst jə nīch schlacht īngəkåχəlt = du hast ja nicht schlecht eingekachelt!« – Das nirgends belegte Grundsprachenwort ist vorgermanisch aus ideur. +pak (festmachen, fügen), daraus gr. pēktós (fest hineingesteckt, festgefügt), daraus nach vorgerm. ideur. Lautverschiebung bereits in vorgermanischer Zeit vorgerm. ideur. +kak, so daß die althochdeutsche Lautverschiebung k>ch zu +kach mitgemacht werden konnte. Auf diese Weise konnte auch das nichterklärbare lit. kàkti (genügen, ausreichen), kãkinti (jemandem etwas zur Genüge liefern, ihn hinreichend womit versehen) sich bilden.

feeschen – bestechen siehe »Lebensfeste…« Seite 172.

fickerig (fikkəri̊̄j – Adj.) = unruhig, unstät bei einer Arbeit, nervös. Wer vor Erregung eine Nadel nicht einfädeln kann, der ist fickerig. – Das auch in der Gemeinsprache bezeugte Wort wird von Hermann Paul, Kluge/Götze, Weigand in die unmöglichsten Zusammenhänge gestellt, da es erstmalig aus einer Grundsprache aufsteigt zu mhd. vicken (hin und her fahren). Lutz Mackensen verweist auf nhd. fickfacken (Dummheiten machen), ohne eine Erklärung zu geben, ähnlich Erwin Wilke. Dabei ist es ein nichtgermanisches Wort, das um 1800 vZtr. die vorgerm. Lautverschiebung bh>f durchlaufen hat, also ideur. +bhig (stechen, stoßen) voraussetzt, unserm nhd. fickerig (unruhig hin und her bewegen) damit am nächsten liegt.

Flatsche (flåtschən – F.) = in einem Kleidungsstück infolge eines Risses entstandener tief herabhängender Lappen. Siehe »Bäuerliche Tätigkeiten« Seite 158.

fläunschen (flåinschən –V.) = im Spülwasser spielerisch herummanschen. »du flåinscht jə də ganzə kᵉchən vůll = du fläunschest ja die ganze Küche voll« – *Fläunschwasser* (flåinschwåssər – N.) = Abwaschwasser, das verfüttert wird, ein Vogteier Ausdruck, in Flarchheim als Gespülig bezeichnet. – Das ideur. +pleu, +plu (fließen, schwimmen) entstammende Wort ist belegt gr. plýnō (spülen, abwaschen, auswaschen), lit. pláunu (spülen, schwenken, auswaschen). Im Germanischen ist es in dieser Bedeutung nicht belegt, liegt aber vor ahd. flawen, flewen (spülen, waschen), mhd. vlouwen, vlöuwen und wird teilweise auch noch hier und da verwendet als nhd. flauen (spülen, waschen, durch Abspülen reinigen). – *Fläunschfaß* = Gefäß zum Aufsammeln des Fläunschwassers.

Flicken (flı̊kkən M.) = Stück Stoff – *flicken* (flı̊kkən – V.) = schadhafte Stelle ausbessern… – Das Wort erscheint erstmalig mhd. vlicken (einen Lappen an- oder aufsetzen) und wird deshalb zur Bedeutung Fleck aus ideur. +plek (schlagen) gestellt. Da aber in den baltischen Sprachen lit. pri-plijkti (eine Faser beim Spinnen anfügen, hinzufügen, ankleben), pliẽkti (aneinanderfügen) und zahlreiches Zubehör mit ähnlicher Bedeutung belegt sind, scheinen noch nicht zu erkennende Zusammenhänge aus ideur. +(s)p(h)el (spalten, abreißen) irgendwie eingewirkt zu haben.

Flutsche (flůtschən, in der Vogtei Dorla: flōtschən – F.) = überschwappende Wassermenge. »ha hätt ënnə schiənə flůtschən hëngəmåχt = er hat eine schöne Flutsche hingemacht«. – Das in dieser Lautform nirgends belegte Wort ist eine Überkreuzung von Flut und fließen mit dem vorgermanischen Suffix -schen aus ideur. +pleu (fließen, rinnen, schwimmen).

fucksen V.) = schlecht stopfen, nähen. »wås häst an wëdər əmōl zəsåmməngəfůkkst = was hast (du) denn wieder einmal zusammengefuckst« – es fuckst (ärgert) mich, da es gegen das Schickliche verstößt. – Das nirgends belegte Wort ist Nebenform zu mhd. vuoe, md. vūc (Schicklichkeit, Geschicklichkeit, Kunstfertigkeit usw.) aus ideur. pāk (festmachen) entsprechend nur gr. pykázō (zusammendrängen; dicht- oder festmachen). – Gefuckse, Fuckserei.

fulksen (fuləksən –V.) = schlecht stopfen, Loch zu einem Dutz zusammenziehen. »wënn i̊ch dān gəfuləkstən štrůmpf oanzeï, krī i̊ch bāl blosən = wenn ich den gefulksten Strumpf anziehe, kriege ich bald Blasen«. – Zugrunde liegt ein ideur. +bhūl (schwellen), dazu slov. búliti (schwellen), búla (Beule), im Germanischen gt. ufbauljan (aufschwellen machen), im Deutschen ahd. būlla, mhd. biule, nhd. Beule, dazu russ. pulk (Volk). Unser gsp. fuləksən in der Grundbedeutung »aufschwellen machen« ist nichtgermanisch nach Lautverschiebung bh>f.

fummeln – ausgiebig putzen, siehe »Lebensfeste…« Seite 130.

Fussel (fussəl – F.) = Fädchen oder Stäubchen auf dem Kleid. – *fusseln* (fussəln –V.) = sich ablösende Fädchen vom Garn. – *fusselig* (fussəli̊j – Adj.) = aufgeregt und nervös bei feiner Näharbeit mit vieler Stichelei. – Das zwar im Duden aufgeführte, aber nicht besprochene Wort gehört zu ideur. +bhuq (pusten, blasen, fauchen), daraus nach vorgerm.-ideur. Lautverschiebung k>s ideur. +bhus und nicht mit Ernst Fraenkel zu ideur. +pu, +peu, +po (anschwellen) entsprechend lett. puteklis (Stäubchen), pùst (wehen, hauchen, blasen) und Zubehör. Die s-Doppelung entspricht der mitteldeutschen Spracheigenheit.

futzen (fūtsən – V) = schlecht nähen. »dås såll ënn niən sī? dås ës ënn fūtsən = das soll ein Nähen sein? das ist ein Futzen« – Dazu Futzen, Gefutze, Fützerei. – Das nirgends belegte Wort könnte unmittelbar ideur. +bhū (erzeugen, entstehen) entstammen, das beispielsweise gr. phyteýō (ersinnen, planen; hervorbringen, schaffen) ergeben hat. Damit könnten auch die baltischen Wörter lett. bucis (aus Weidenruten geflochtener Fisch-Setzkorb) und dazu ablautend lit. bùkis (gestricktes Fischernetz) ihre Erklärung finden. Unter Futzen wäre also das urzeitliche kunstlose »Nähen« mit den Knochennadeln zu verstehen gewesen.

Gelumpe (gəlůmbə – N.) = minderwertiges Zeug, besonders Stoffe. – Das Wort muß zu »Lumpen« gestellt werden, das aber nur unsicher etymologisiert werden kann. Es scheint nichtgermanisch zu sein, wie aus lit. lamìnti (zerknüllen, zerknittern), lett. Lumze (Wischlappen) geschlossen werden kann, vor allem aber aus dem litauischen lit. gelumbē̃ (fabrikmäßig hergestellter Wollstoff), also kein fester handgewebter Stoff!

Gespülig – Spülwasser siehe »Tiere auf dem Bauernhof« Seite 88.

glummen – siehe »Bäuerliche Tätigkeiten« Seite 94.

gokeln – im Feuer stochern siehe »Bäuerliche Tätigkeiten« Seite 95.

Haft und Schlinge (håft ůn schlⁱngən – Plur.) = Haken und Öse, der Haft bis zuletzt vielfach noch aus Zwirnsfäden hergestellt. – Das Wort Haft ist germanisch aus ideur. +kap (fassen, ergreifen), mhd. ahd. haft, im Germanischen ags. hœft, an. hapt (Vorrichtung zum Festhalten, Fessel, Band) – Auch das Wort Schlinge ist germanisch aus ideur. +slenk (sich winden).

Hamfel (F.) was in die gekrümmte Hand paßt. Es liegt vor gt. hamfs (gekrümmt) und im Deutschen dann as. hāf, ahd. hamf (verkrüppelt, verstümmelt). Unmittelbar an die gotische Lautform schließt das umgangssprachige »Hamfel« an, das ohne die geringste Begründung in einigen Veröffentlichungen »Hampfel« (kein Mensch spricht das durchaus widersinnige -pf-) geschrieben wird, und das nach Otto Behaghel, Kluge/Götze, Hermann Paul, Georg Stucke, Weigand soviel wie »Handvoll« bedeuten soll. Diese Deutung ist jedoch sachlich falsch und außerdem sprachgeschichtlich irreführend. Denn nimmt man eine »Handvoll«, dann wendet man das Handinnere nach oben und hohlt es etwas ein, um etwa einige Körner beschauen zu können, wie es der Bauer während des Ausdrusches der Getreidegarben und auch später oft und oft wiederholt. Nimmt er jedoch eine »Hamfel«, dann krallt er, Handrücken nach oben, etwa in den vollen Kirschenkorb, um sich eine möglichst große Menge zu sichern. Auch beim Ährenlesen nach dem Räumen des Getreidefeldes ist eine Hamfel soviel, wie in die zusammengekrallten Finger hineinpaßt.

Hechelmann (hachəlmånn – M.) = Sicherheitsnadel. – Wie in Hechel, hecheln ist die »Hoch«deutsche Lautverschiebung k>ch wirksam geworden, die im Wort Haken ausgeblieben ist.

Hegereis (hairīs – N.) = Reisig. – Das Wort wird sinnwidrig als Reisig aus dem Hag verstanden, in Wirklichkeit liegt mhd. ahd. hei (Hitze, heiß sein oder werden) aus ideur. +kai (heiß) zugrunde: das »Hitze gebende Reisig«.

Herber (hërbər – F.) = unordentliches, nicht aufgeräumtes Haus, zumindest Wohnung. Das aus Heer und bergen in althochdeutscher Zeit entstandene Wort ahd. as. heribërga (ein das Heer bergender Ort), ist bereits bedeutungsgemindert zu mhd. herbërge (Lager, Obdach, Wohnung … dann Haus zum Übernachten für Fremde) und weiter in der mitteldeutschen Grundsprache zu »verlotterte, unaufgeräumte Wohnung«.

Hoostock – Stricknadel siehe »Sind wir Germanen?« Seite 101 f.

Huller (hullər – M.) = Kopftuch der älteren Frauen, zu einem Wulst zusammengerollt. – Die Tatsache, daß die Kopfmitte frei blieb und nichts eingehüllt wurde, verweist auf Hullern/Kullern des Tuches, wie es in »Sind wir

Germanen?« auf Seite 52 f. angedeutet wurde. Daraus ergibt sich, daß wir ein nichtbelegtes germanisches Wort nach Lautverschiebung k>h vor uns haben. In dem nichtetymologisierten Kuller/Kugel ist demnach ein unverschobenes aus einer germanischen Grundsprache »aufgestiegenes« Wort erhaltengeblieben.

Huschchen (huschchən – N.) = an kalten Sommertagen rasch angefachtes Feuer, das die Stubenwärme nur etwas »überschlagen« soll. – Das nirgends belegte Wort ist germanisch aus ideur. +kai (heiß), daraus beispielsweise lit. kaĩsti (heiß machen, erhitzen), das in der Nebenform lit. kùšti, lett. kustêt (klein, schwächlich, zart) ergeben hat, aber nicht erklärbar ist.

kepern – liederlich umherwerfen siehe »Bäuerliche Tätigkeiten« Seite 68.

kipsen – Feuer schlagen siehe »Bäuerliche Tätigkeiten« Seite 96.

klamm (klåmm –Adj.) = leicht feucht, noch nicht völlig ausgetrocknetes Brennholz ist klamm. Ebenso ist Tisch-, Bett-, Unterwäsche klamm. Das nirgends belegte und nicht etymologisierte Wort ist m-Erweiterung von ideur. +ghra (die Oberfläche besprengen, berühren), also anscheinend ideur.-vorgerm. gh>ch (wie so oft übereinstimmend mit dem Griechischen) und nachfolgend vorgerm. r>l, also ursprünglich +chlamm und daraus unser gsp. klamm.

Klopfbietsche (klopfbītschən – F.) = Das Wort Peitsche erscheint sorb. bič , tsch. bič, poln. bicz (Peitsche). Klopfbietsche kann somit auch bodenständig sein, während Géschel (Geißel) als germanisch zu gelten hat.

Knecht (knăcht – M.) = in bäuerlicher Jahresentlohnung stehender Mitarbeiter. – Das zwar im Deutschen und Westgermanischen belegte Wort ist bisher nicht einwandfrei erklärt. Es soll zu Knappe, Knabe gehören, die aber ebenfalls unzureichend etymologisiert werden. – Zugrunde liegen dürfte ideur. +skal (sollen, schuldig oder verpflichtet sein), daraus beispielsweise lit. kálpa (Knecht, Diener, Sklave), kalpóti, lett. kalpuôt (dienen) und zahlreiches Zubehör, jedoch bereits abg. chlap (Knecht). Ein bodenständiges nichtgermanisches +klap würde bereits nach nichtgerm.-ideur. Lautverschiebung l>n die Grundform zu »Knappe« ergeben. Von daher wären dann sowohl

Knappe als auch Knabe einwandfrei zu etymologisieren. Beim Wort Knecht ist festzustellen, daß bereits ags. cniht (Knecht, Diener, Krieger; Jüngling) afries. kniucht (dasselbe) das »ch« führen. Es muß deshalb schon in frühgermanischer Zeit die vorgerm. Lautverschiebung p>k durchgeführt gewesen sein, um noch die Germanische Lautverschiebung k>ch,h,g zu erreichen. Das entspricht der Tatsache, daß germanische Stämme gegen 250 vZtr. in Westthüringen eingebrochen sind und die nichtgerm. ideur. Vorbevölkerung (Kriegsbeute!) zu Knechten, Mägden, Dienern machten. Um 200 vZtr. (nach andern schon um 500 vZtr.) soll die Germanische Lautverschiebung abgeschlossen gewesen sein.

knulgern (knullərjən –V.) = Stoff zerknüllen. – Das erst im siebzehnten Jahrhundert aus einer Grundsprache aufsteigende Wort in der Bedeutung »in Falten übel zusammendrücken« wird nur von Weigand falsch zu mhd. knüllen (mit der Faust schlagen, puffen, stoßen, ›den Kopf‹ eindrücken) gestellt. In Wirklichkeit ist es eine Nebenform zu gsp. krůllən, nhd. krollen (sich kräuseln, sich locken), entstanden durch die nichtgerm. Lautverschiebung (t>s)r>(l>)n und damit ein weiterer Beweis dafür, daß ein Verschiebungslaut der Reihe auch einmal übersprungen werden kann, wie es in »Sind wir Germanen?« am Beispiel der Wörter Flarchheim und Bock nachgewiesen werden konnte. Die weitere Verschiebung ll>lg bildet die Iterativform.

Lappen (låppən – M.) = Stück Tuch gleich welcher Größe, besonders Kopftuch, auch Hautstück. – Das Wort ist belegt mhd. lappe, ahd. lappa, lappo, im Germanischen jedoch ags. lappa (Zipfel, Stück, Bezirk), an. lappi (Flicklappen). Um die germanische Herkunft des Wortes »beweisen« zu können, wird damit verglichen gr. lobós (Hülse, Kapsel, Ohrläppchen), lat. labāre (wanken) usw. In Wirklichkeit ist es erst in althochdeutscher Zeit aus einer nichtgermanischen Grundsprache aufgestiegen (das Angelsächsische, Altnordische sind zeitgleich oder sogar noch sehr viel jünger) aus ideur. +lap (dünn machen oder sein, klein), dazu bereits nach nichtgerm. Verschiebung p>k gr. lakis (Lappen, Fetzen, Lumpen), aber noch unverschoben lit. lãpatas (Lappen, Fetzen, Fleck), lett. lapa (Blatt), lepata (Fetzen, Lumpen) und zahlreiches Zubehör. Daß diese Deutung richtig ist, ergibt sich aus der gesamten Wortfamilie: Läppchen (lappchən – N.) = jede Art von Leinwandstücken. – Läpperchen (lappərchən – Plur.) = große Anzahl kleiner Tuchfetzen, wie sie gern von Mädchen zu Lappendocken (Lappenpuppen) verarbeitet wurden.

– *Lappchen* (lappchən – Plur.) = Eingeweide von Schaf, Ziege, Kuh, bildlich nach den breitgeschnittenen Stücken des Magens genannt. – *Lappendocken* (låppəndokkən – F.) = aus Lappen gefertige Docke, Puppe.

lau (låiwə – Adj.) = weder kalt noch warm. »s ën nuər låiwə = es ist nur lau«. – *laulich* (låiwəl^{e}ich – Adj.) = weder kalt noch warm, doch mehr nach dem Kalten hin. »s bruxt nuər ënn bi^{e}ßchən låwəl^{e}ich zə sinn = es braucht nur ein bißchen laulich zu sein«. – Bedeutsam ist, daß gsp. låwəl^{e}ich noch immer die Lautform mhd. lœwelīche, lāwelich (laulich) bis zur Gegenwart erhalten hat. Vorher liegt ahd. lāo (lauwarm). Alle sonst herangezogenen Belege dürften unrichtig sein, weil sie die Bedeutung »brennen, heiß sein, warm usw.« und damit das Gegenteil von lau haben.

Lipf (l^{e}ipf – M.) = Bestätigung eines Dienstvertrages. – Das der Rechtssprache zugehörende Wort ist nur belegt md. līph, das von Oskar Schade zur Bedeutung Leib gestellt wird. Da dieses Wort jedoch im Germanischen belegt ist ags. an. līf, im Deutschen ahd. līb, mhd. līp(b) in der Bedeutung (Leben, Körper), ist eine ahd. Lautverschiebung p>pf unmöglich. Das Wort kann deshalb nur als vorgerm. +līp (bleiben anhaften, kleben) in germanischer Zeit aus einer nichtgermanischen Grundsprache aufgestiegen sein, um sich weiterzuentwickeln p>pf. Das geht auch hervor aus lett. lipt (sich anschmiegen, sich anschmeißen, anhangen) und Zubehör. Siehe »Mit unserer Sprache« Seite 57.

Lumpen (lůmpən – F.) = dafür früher nur gsp. lůindən = zerrissenes Zeugstück oder Fetzen. – *Lumpenmann* (lůindəmånn – M.) = Lumpenhändler, der meistens alles Zerrissene gegen einige Nadeln, Zwirn usw. eintauschte. Er kam bis zur ersten Hälfte des zwanzigsten Jahrhunderts mit einem Hundegespann und dem Ruf »Lumpen! Knochen!« in die Dörfer. – Das erst in spätmittelhochdeutscher Zeit aufsteigende Wort mhd. lumpe kann bisher nicht erklärt werden. Es liegt ein ideur. +lūp (zerbrechen, beschädigen) vor, das in den baltischen Sprachen außerordentlich weit verbreitet ist, so lit. lùpatos (Lumpen), lett. lupata (Fetzen, Lappen; lumpige Person, Lump) und Zubehör. Das Grundsprachenwort ist lediglich eine nasalierte Form.

meeken = bummelig arbeiten siehe »Bäuerliche Tätigkeiten« Seite 71.

Nähterin (nātərschən – F.) die mit dem Nähen Umgehende, die Näherin. Am Ende des neunzehnten Jahrhunderts galt meistens noch gsp. niətərschən. Nach Einzahl gsp. nōt, Mehrzahl gsp. niət (Nähte). Bei den ältesten Leuten stattdessen gsp. niəpərschən. Die t>p lautverschobene Form hat sich bis heute nur noch in der scherzhaften Bezeichnung gsp. niəpnållən (Nähnadel) erhalten. Die Bedeutung ist also »die Nähtemachende«, mhd. nātœrīn (Nähterin), nātœre, ahd. nātāri (Schneider, Näher).

Nolle (nållən – F.) = Nähnadel. – *Niepnalle* (niəpnållən – F.) = Nähnadel, heute nur noch scherzhafte Bezeichnung. Es scheint merkwürdig zu sein, daß damit übereinstimmen an. nāl, daraus schwed. nål, dän. naal und das aus dem Urnordischen entlehnte finn. nallo (Nadel), was die Richtigkeit der in »Sind wir Germanen?« getroffenen Feststellung beweisen dürfte, nach welcher in Flarchheim sich besonders einige nordische Germanen niedergelassen haben.

poltern (bůldərn – V.) = im Wassertopf (und auch anderswo) beim Kochen bullern, rumoren, rumpeln. – Das Wort steigt erst im Mittelhochdeutschen des fünfzehnten Jahrhunderts als buldern, boldern auf. Daß es sich hierbei um ein nichtgermanisches Wort handelt, ergibt sich aus lit. baldà (lärmendes Auftreten), bildëti (poltern, rumpeln, donnern) und Zubehör aus ideur. +bhel (lauten, schallen, brüllen).

ratschen (råtschən – V.) = einen Riß in Stoff reißen. »o wē, jetzt hät s gəråtscht = oh weh, jetzt hat es geratscht!« – *ritschratsch* (riͤtschråtsch – Interj.) = mutwillig einen Stoff zerreißen. – *Raatsch* (rå̄tsch – M.) = Riß in einem Stoff. »iͤch hån ënn ganz gruəßən råtsch in minnər hosən = ich habe einen ganz großen Raatsch in meiner Hose«. – Das in der Gemeinsprache nur als Ausrufewort ritschratsch! gebrauchte Wort hat mit Ratsche, ratschen (Rassel, klappern) und Zubehör nichts zu tun. Man könnte es zu ideur. +rei (ritzen, reißen) stellen, doch ist eher an ideur. +u̯raq (reißen, brechen) entsprechend gr. rákos (zerfetztes Gewand, zerrissenes Kleid) aus noch älterem ideur. +u̯rat zu denken, das als jüngere Wortform in Wrack erhalten ist.

Schicken (schiͤkkən – F.) = Schwierigkeit, Not und Anstrengung. »wënn də hitt fërtj war wiͤst, do häst də abər dinnə schiͤkkən = wenn du heute fertig werden willst, dann hast du aber deine Schicken!« – *sich schikken* (schiͤkkən

– Ztw.) = sich beeilen. »wënn ha dås wëll schåff, do můß ha siͤch abər schiͤkk = wenn er das will schaffen, dann muß er sich aber schicken (beeilen)«. – Das wenigstens in der Bedeutung »sich beeilen« bekannte Wort kann bisher nicht etymologisiert werden. Es entstammt unmittelbar ideur. +siq (die Hand nach etwas ausstrecken, etwas zu erreichen versuchen), lit. siekti (nach etwas langen, zu erreichen versuchen), siekìmas (Absicht, Bestreben, zu erstrebendes Ziel). Der Wechsel s>š ist vielfach üblich.

schillen (schiͤllən – V.) = Geschirr spülen. *ausschillen* (ūsschiͤllən –V.) = einen bereits gesäuberten Topf nachträglich ausspülen. – schilleschille (schiͤlləschiͤllə – V.) = oberflächlich säubern, das heißt meistens nicht auswaschen, sondern nur ausspülen.

schusseln (schussəln – V.) = von einem höheren Stand, einem Wandbrett herunterfallen.

Schüsselbrett (schiͤssəlbrāt – N.). Das lautgleiche nhd. schusselig, Schussel gehört nicht in diesen Zusammenhang. – Siehe »Sind wir Germanen? « Seite 123.

schwabben – über den Rand fließen siehe »Bäuerliche Tätigkeiten« Seite 101.

schwebbeln (schwëbbəln – V.) = sich schwankend bewegen, von Nebel und Dunst gesagt. »ůngən in grůinə schwëbbəlt dr nābəl wī dr důnst in dr wåschkiͤchchən = unten im Grunde schwebbelt der Nebel wie der Dunst in der Waschküche«. – *schwebbelning* (schwëbbəlniͤng – Part.) = nicht mehr gebräuchliches, in der Grundsprache aber weit verbreitetes Mittelwort, das außermenschliche Einflüsse wiedergibt. »deï håt abər ënnə schwëbbəlniͤngə lůft in dr štommən = ihr habt aber eine schwebbelninge Luft in der Stube«, die Luft ist nämlich so heiß, daß sie flirrend in Bewegung ist. – Das Wort ist Iterativ zu »schweben« aus ideur. +suei, +su̯oi (biegen, schwingen) daraus beispielsweise lett. svaîpīt (peitschen). Das Wort steigt erst in deutscher Zeit auf zu ahd. swëbēn, mhd. swëben (sich in der Luft oder auf dem Wasser hin und her bewegen).

Schwulst (schwůlst – F.) = Mühe, Plage. »deï hät ērən schwůlst bī dān fi̊nəf ki̊ngən = die hat ihren Schwulst bei den fünf Kindern«, ihre Mühe und Not, um fertig zu werden. – Das zu schwellen gehörende Wort kann in der vorliegenden Bedeutung nicht erklärt werden. Es gehört zu einer vorerst nicht erkennbaren Verwandtschaft zu gr. skýllō (sich plagen, sich abmühen), skylmós (Unruhe, Qual).

Spreißel – Holzspan, siehe »Bäuerliche Tätigkeiten« Seite 178.

steetzeln – etwas ungeschickt hinstellen, siehe »Bäuerliche Tätigkeiten«, Seite 75.

stürzen (štertsən – V.) = nichtabgetrocknete Tontöpfe zum Abtropfen ins Dipfenbrett stellen. – Das Wort hat mit den von den Etymologen genannten germanischen Wörtern nichts zu tun. Es gehört deshalb auch nicht entsprechend Pflugsterz oder Bornsterze zur Wurzel ideur. +ster (starr), sondern zur Wurzel ideur. +ster, +stor, +strō (ausbreiten, streuen) entsprechend gr. stērizō aus +stēritsō (stützen, lehnen usw.) und Zubehör, gr. stratós (Lager, das Gelagerte oder Ausgebreitete) und Zubehör, gr. strōtós hingelegt, ausgebreitet).

tröckeln (tri̊kkəln – V.) = Iterativform von »trocknen«. – *abtröckeln* (obbtri̊kkəln –V.) = Tätigkeit des Trockenmachens. »häst an schůn obbgətri̊kkəlt = hast (du) denn schon abgetröckelt? « Das Wort abtröckeln meint stets ein Abtrocknen der Hände am Handtuch, das Trockenmachen mit einem Lappen oder Tuch. – *Tröckeltuch* (tri̊kkəldůx – N.) = Handtuch, bis zum Beginn des 20. Jahrhunderts die allgemeine Bezeichnung.

vorbusen (vērbūsən – V.) = neue Fußteile an Strümpfen vorstricken. Das nirgends belegte Wort ist zu mhd. buoẓen, büeẓen, ahd. buoẓan (bessern, beseitigen) zu stellen, dem gsp. botən (Propfreis einsetzen), anboten (beschädigte Schwelle eines Hauseingangs durch vorgesetztes Stück ausbessern) zugehört.

zampeln – V.) = hin und her bewegen, ohne daß es gefaßt werden kann. »wås zampəlt dn do i̊mmər ån din rokkə ri̊m? s ës ënn niəfoadən = was zampelt denn da immer an deinem Rock herum? es ist ein Nähfaden«. Wenn Fäden, mit denen die Roulade zusammengehalten wird, nicht gefaßt werden können, dann ist das ein Gezampel. – Das sonst nirgends belegte Wort ist Iterativ zu mhd. md. tampen (hin und her bewegen). Es ist nichtgerm. wie lit. tampýti (durch mehrfaches Ziehen, Zerren, Spannen dehnen; auseinander-, auf-, hochziehen), tamprùs (elastisch, zäh, hartnäckig). Das Wort entstammt ideur. +ten (spannen, dehnen).

zufen – V.) = zusammenziehen zu einem Dutz. – Das Wort ist urzeitlich die Bezeichnung für »stopfen« aus ideur. +stubh (dicht machen, stopfen, stoßen) nach s-Ausfall und vorgerm. Lautverschiebung bh>f aus etwa 2000/1800 vZtr. und späterer Verschiebung t>z oder auch ts>z. Das will sagen, daß bereits nach 2000 vZtr. das Stopfen üblich war. Als sich aus nicht mehr erklärbaren Ursachen das Wort »stopfen« einbürgerte, zog sich +(s)tuf/zuf auf das schlechte Stopfen zurück.

wüst (wi̊st – Adj.) = durcheinander ungeordnet, sittlich verkommen. – Das Wort ist belegt mhd. wüeste, ahd. wuosti (öde, leer, unbebaut). In einer zweiten Bedeutung steht daneben »unschön, unsauber; verschwenderisch«. Kluge/Mitzka erklären, daß dieses westgermanische Wort mit air. fás, lat. vāstus urverwandt sei. Es liegt jedoch ein nichtgerm. Wort vor aus ideur. +pis (zerstampfen), daraus beispielsweise lit. pūstélninkas (Verschwender, Prasser), pũstyti (verwüsten, vergeuden, verschwenden), lett. puõsts (Verderben, Unglück, Verwüstung) und großes Zubehör, die zwar alle aus dem Polnischen oder dem Weißrussischen entlehnt, damit aber venetischen Ursprungs sind. Die Frage, ob im Mitteldeutschen »p« zu »w« abgeschwächt werden kann, ist vielfach beweisbar, so beispielsweise struppelig und gsp štruwwəli̊j.

Waschen und Bleichen

Von der Reinigung bisher üblicher Bekleidung in »grauer Vorzeit« dürfte kaum noch etwas bekannt sein, obgleich die vorwurfsvolle Redensart »wī häst an dᵉich wĕdər əmōl oangəschĕrrt (oangəwerjt) = wie hast (du) denn dich wieder einmal angeschirrt (angezogen)«, schlecht gekleidet, nur auf jene Zeit zurückgeführt werden kann, als es vor rund 6000 Jahren üblich wurde, statt der bisherigen Fellkleidung solche aus Leinen zu tragen. Das von der Sprachforschung nicht erklärbare Wort »schirren« habe ich als satemsprachig aus dem Soluttréen des Jungpaläolithikums erkannt.

Seit Beginn der Jüngeren Steinzeit, in unserm Raum seit etwa 4000 vZtr. oder etwas früher, wurde Lein angebaut. Und der reife Lein – das ist der Flachs – wurde sicher kaum anders als noch in der jüngsten Vergangenheit bearbeitet, um die Flachsfasern oder -haare zu gewinnen, und aus ihnen zuerst die Fäden mit der Hand zu drehen, schließlich zu spinnen. Diese Fäden sind wohl zuerst mit der Hand geknüpft, aber schon wenig zeitnäher bereits auf dem inzwischen erfundenen (senkrecht stehenden) Webstuhl gewebt worden. Seitdem machte sich das Reinigen der Kleider erforderlich.

Es ist kaum anzunehmen, daß es von Anfang an Kleidung und Leibwäsche gegeben hat, vielmehr hat man sich wohl mit Hose und Jacke, die Frau mit Rock und Jacke begnügt. Darüber ist sicher noch viele Jahrhunderte lang im Herbst und Winter ein Fell getragen worden. Und gewaschen wurde die Kleidung sicher nur bei warmem Sonnenschein, keineswegs im Winter. Unser scherzhafter Ausdruck »drakk wärmt = Dreck wärmt« hat wohl einen ganz realen Ursprung: schmutziges Leinen ist tatsächlich ein schlechterer Wärmeleiter als frisch gewaschenes, hält also die Wärme zusammen. Auf dieses verhältnismäßig seltene Groß-Waschen verweist auch das Sprichwort »Sonnabends scheint die Sonne nur neunmal im Jahre nicht – dann trocknet die Muttergottes ihren Schleier, das arme Volk die Wäsche«. Waschfest wurde also im Jahre nur neunmal gehalten. Dabei war urzeitlich das Waschen der Kleidung nur aus Leinen eine verhältnismäßig leichte Arbeit, denn »ënn wīwərhëmm krit ënn puff ůn ën štuəß – do ës mə ës luəs = ein Weiberhemd (aus Leinen!) kriegt einen Puff und einen Stoß – da ist man es los«. Es ist also keine allzu zeitraubende Arbeit erforderlich.

Gewaschen wurde urzeitlich, aber noch bis vor einhundert oder mehr oder auch weniger Jahren am Dorfbach. In einem Reff, einer Rückentrage, oder im Waschkorb auf der Schubkarre wurde die Schmutzwäsche zum Bleichfleck (in Oberdorla Bleichried) gebracht. Nur aus Erzählungen ist noch bekannt, daß früher unmittelbar am Waschplatz mehrere Löcher in die Erde gegraben worden waren, die sich vom Bach her mit Wasser füllten. In diese Löcher wurden Wäschestücke und zwischen sie Lehmbrocken geworfen, dann eine Zeitlang zum »Ziehen« liegen gelassen und schließlich mit den bloßen Füßen immer und immer wieder durchgetrampelt. Die Mineralbestandteile des Lehms oder des Löß' lockerten den Schmutz und lösten ihn schließlich ab. Das geschah selbstverständlich nicht durch tatenloses Zusehen, vielmehr mußte ein Wäschestück nach dem andern herausgenommen und auf den Steinen neben dem Waschloch (am Bleichfleck sind sie teilweise noch heute vorhanden) mit dem Bleuel (nicht mit der Klopfkeule!) gewalkt werden. Darauf wurden sie mit den Händen gerebbelt, wieder ins Waschloch geworfen und erneut durchgetrampelt. Waren die Wäschestücke sauber, dann wurden sie im fließenden Wasser geschillt (gespült), weshalb der Oberdorlaer Dorfbach den Namen Schille erhalten hat. Schließlich wurden sie ausgewrungen und auf dem Bleichfleck ausgelegt, dabei ab und zu umgedreht und öfter mit Wasser geleckt (benetzt). Luft oder gar Wind und Sonne besorgten die restliche Arbeit. Am Abend ging es mit der fertigen Wäsche im Reff oder im Waschkorb auf der Schubbkarre nach Hause.

Es gab wohl kein Dorf, das nicht unmittelbar an einem Bach angelegt worden war, denn in jenen weit zurückliegenden Zeiten war er lebensnotwendig für jede menschliche Siedlung. Die noch heute übliche Sitte, das »Waschfest« im Hause oder besser auf der Hoferaite oder der Miste abzuhalten, muß deshalb einer Zeit zugeschrieben werden, als Erfindungen verschiedener Art diese vereinfachende Verlegung möglich machte. Immerhin blieb das Waschen am Bach noch bis in die nicht allzu weit zurückliegende Vergangenheit üblich, besonders wohl von denjenigen Frauen ausgeführt, deren Hausplatz nicht die erforderliche Größe besaß, von anderen aber aus alter Gewohnheit oder aus Lust am gemeinsamen Schaffen (und Erzählen) mitgehalten. In den Jahrhunderten seltener Unterhaltungen war das »Waschfest« ähnlich wie die Flachskirmse eine wirkliche Arbeitsfeier.

Ohne Wasser kann nicht gewaschen werden. Also mußte das Haus entweder in nächster Nähe des Baches oder eines natürlichen Borns liegen – oder es mußte herangeschleppt und in Waschgelten geschüttet werden. Zum Heranholen waren Töpfe erforderlich, und der Übergang zur bäuerlichen Wirtschaftsweise gegen 5000 vZtr. (in unserm Raum gegen 4000 vZtr.) ist gerade durch Töpfe aus gebranntem Ton gekennzeichnet. Das war nur eine Neuerung, denn vorher benutzte man dazu geflochtene und mit Harz ausgekittete oder auch nur mit Löß oder Lehm ausgeschmierte Körbe, in denen das Wasser durch hineingeworfene glühendgemachte Steine erhitzt wurde. Die Erfindung des Eimers, des Bottichs, der Gelte, der Wanne aus Holz war nichts anderes als eine naturgemäße Weiterentwicklung – und wir könnten den Zeitpunkt dieser Neuerungen feststellen, wären nur die urtümlichen Bezeichnungen noch bekannt, die sich oft in Scherzworten oder Sprichwörtern, Redensarten, Spielen bis heue erhalten haben.

Ein Kessel brauchte kaum besonders erfunden zu werden, denn er ist ja nichts weiter als ein besonders großer Topf, den es schon zu Beginn der Jüngeren Steinzeit vor etwa sechstausend Jahren gegeben hat. Vermutlich ist in unserm Wort »kwërl = Quirl« die urzeitliche Bezeichnung zu suchen. Da Kessel schon in der germanischen Bronzezeit nachweisbar sind, war die *Sache* schon urzeitlich bekannt, und nur der neue Name »Kessel« könnte aus dem Lateinischen entlehnt worden sein.

Die Erfindung der Seifenlauge machte jedoch das Waschen im Haus oder im Hofraum zwingend notwendig – sie löste das »Waschen« mit der noch am Ende des neunzehnten Jahrhunderts verwendete Buchenaschenlauge und das im Waschloch mit Löß oder Lehm ab. Künftig wurde nur noch der zweite Teil des Waschens vor allem mit dem Walken und Schillen am Dorfbach weitergeführt. Das urzeitliche Waschen im »Waschloch« ist jedoch nachweislich der Erzählungen zumindest von einigen Familien auch weiterhin beibehalten worden. Grobe Wäsche, vor allem Säcke, werden teilweise noch heute am Bach gewaschen, zumindest geschillt.

Zur Herstellung der Lauge wurde Buchenasche benötigt, die deshalb schon längere Zeit vor dem Waschtag aus dem eigenen Ofen aufgesammelt wurde. Reichte sie nicht aus, dann mußte zusätzlich aus dem Gemeindebackhaus eine entsprechende Menge herangeholt werden. Sie kam in einen »låimənsåkk = Laugensack«, der auf einen Sechter gelegt und dann mit heißem Wasser leicht übergossen wurde, wodurch die Lauge in ein Gefäß tropft. Das hieß, es wurde »låimən gəlëkkt = Lauge geleckt«. Der Sechter war ein Holzgestellt von 50 x 50 cm im Quadrat mit einem aufgesetzten, nach oben erweiterten Kasten und mit einem aus Stäben bestehenden Boden. In den Kasten legte man den Laugensack. Wenn heute jemand schwitzt, daß ihm die Schweißperlen auf der Stirn stehen, dann heißt es, »ha schwiͤtzt wī ënn låimənsåkk = er schwitzt wie ein Laugensack«.

Die erste Arbeit ist das Einweichen der Schmutzwäsche in dieser Lauge: »də wäsch štěkkt in dr låimən = die Wäsche steckt in der Lauge«. Die Länge dieses Einweichens richtet sich nach dem Grad der Verschmutzung. Anschließend wird die Wäsche im großen Kessel des Herdes gekocht, wobei abermals Lauge zugesetzt wird. Dabei muß sie mit dem »ri̊rhåilz = Rührholz« immer wieder einmal umgedreht oder zumindest stärker bewegt werden, damit das Auskochen gleichmäßig geschieht. Es wurde also zweimal gewaschen, wobei man sagte, zunächst würde »aus dem Dreck gewaschen«. Anschließend wird die Wäsche mit dem etwa meterlangen Rührholz, das im obersten Drittel zu einem Griff gerundet ist, aus dem Kessel herausgenommen und in eine Gelte gelegt, wobei darauf geachtet werden muß, daß sie nicht allzu sehr draischt, damit nicht »də ganzə ki̊chən schwi̊mmt = die ganze Küche schwimmt«. Nun kommt Stück für Stück auf die Rumpel, wird tüchtig gerebbelt (Oberdorla: obrrīwe) und anschließend auf dem anderthalb Meter langen »wåschbrāt = Waschbrett« gebürstet. Ist die Wäsche noch nicht sauber genug, dann wird vom Einweichen über das Kochen bis zum Bürsten auch der gleiche Waschgang wiederholt.

Ist alles gut ausgewaschen, dann wird »gəlittərt = geläutert«, das heißt in die Wanne wird heißes Wasser auf die völlig gereinigte Wäsche geschüttet und diese hin und her gespült. Dann wird das gleiche mit kaltem Wasser wiederholt, wodurch die Laugenreste ausgespült werden. Danach wird jedes Stück ausgewrungen und in die Gelte zurückgelegt, dann in die geleerte Wanne wieder zurückgegeben worden ist. Dann wird Stück für Stück breit auseinandergeschlagen und auf seine Reinheit hin untersucht, wieder zusammengelegt und schließlich auf einer großen Tischplatte mit der flachen Hand gepatscht.

Nun erfolgt das Bleichen auf einem sauberen Rasenstück, das vor Hühnern sicher, in Hausnähe ist. Dabei werden große Wäschestücke an ihren vier Ecken angepflöckt, damit sie keine Falten geben. Dann wird mehrfach am Tag Wasser auf diese Wäsche geleckt (neuerdings mit der Gießkanne gegossen). Gegen Abend kommt die Wäsche nach Hause.

Wer diesen Waschvorgang nicht einhält, der fuddelt nur – der macht eine Fuddelwäsche... und braucht für Spott hinter seinem Rücken nicht zu sorgen.

Nun erst beginnt das Trocknen und Weiterbearbeiten der frischen Wäsche. Ist sonniges Wetter, möglichst mit gelindem Luftzug, dann wird jedes Wäschestück gerne nochmals in warmen klaren Wasser »gəlittərt« und anschließend gebürstet.

Inzwischen sind die Wäschesiemen gezogen worden »ůn də wäsch wërd ůffgəhångən = die Wäsche wird aufgehangen« und aus dem Klammersack mit hölzernen Klammern »oangəklåmmərt = angeklammert«. Damit die Siemen nicht herunterhängen, werden sie mit Stebbeln gestiffert, in der Vogtei Dorla »mët gåwwəln gəštētsəlt = mit Gabeln gesteetzelt«, also gestützt. Das alles geschieht bei möglichst mäßigen Luftzug im Freien, bei unsicherem Wetter jedoch ausnahmsweise auch in einem Schuppen oder unter der Torfahrt. Aber immerhin: die Hausfrau kann das Wetter auch überlisten – sie hängt nämlich zuerst eine Männerunterhose auf, dann wird das gute Wetter schon dauern. Sie kann sich auch so behelfen, daß sie in eine Männerunterhose hineinlacht – dann wird schon bald die Sonne scheinen. Wenn es dann aber trotzdem regnet, dann darf sie sicher sein, daß der Mann untreu ist – dann wehe ihm!

Die sogenannten »blauen Sachen«, nämlich die grobe, besonders die gestreifte Alltagswäsche, auch Schürzen und grobe Leinenbekleidung, wird weniger sorglich behandelt. Zwar wird sie ebenfalls in Lauge eingeweicht, gekocht und in der besonderen Waschgelte wie die gute Wäsche behandelt, dann aber wird nur in kaltem Wasser »gəštuxt = gestaucht« und gleich aufgehangen. Noch zu Beginn des zwanzigsten Jahrhunderts wurde die grobe Wäsche auf einem Stein, meistens auf dem hofseitigen »treatštain = Trittstein«, mit der »klopfkīlən = Klopfkeule« gewalkt, dies aber stets im zusammengerollten Zustand, weil ausgebreitet die Knöpfe zerschlagen werden würden. Ein Trittstein ist der aus Steinen bestehende treppenartige Eingang ins Haus. (Als die Dörfer und Städte noch keine gepflasterten Straßen und Gassen hatten, sie nicht einmal beschottert waren, waren derartige Trittsteine ausgelegt, um diese Wege nach schweren Regenwettern überhaupt benutzen zu können.) So zusammengerollt wird sie dann auch weder gebügelt noch gestärkt weggelegt.

Die bessere Wäsche wird auf der mit Feldsteinen beschwerten Rolle solange gerollt, bis sie glatt geworden ist. Früher wurde sie anschließend mit dem »glānzštain = Glanzstein« geglättet, was in einigen Familien bis zum Ende des neunzehnten Jahrhunderts wenigstens noch mit den gestärkten Leinenschürzen geschah. Für die übrige Wäsche war schon früh ein eisernes Bügeleisen in jedem Haus. Später trat dafür das hohle Bügeleisen ein, in das ein glühendgemachter eiserner Bolzen gelegt wurde. Eine Verbesserung war das ebenfalls hohle Bügeleisen mit einem eingefügten Rost für Holzkohle. Es wurde durch das Spirituseisen ersetzt, bei dem sich der Spiritus in einem angesetzten Metallball befand, während die Brennröhre im Innern des Bügeleisens saß. Heute ist an seine Stelle das elektrische Bügeleisen getreten. Bei der Bügelarbeit ist darauf zu achten, daß sich keine Falten bilden, die Wäsche in keiner Weise verknuttelt, in der Vogtei Dorla dafür: verknurjeln.

Urzeitlich ist in den Wintermonaten vermutlich überhaupt keine Wäsche gewaschen worden. Aber auch noch heute ist es verpönt, in den Heiligen Zwölf Nächten, ebenso am Karfreitag Wäsche zu waschen, weil sonst jemand aus der Familie sterben würde. Aber auch an anderen hohen Festtagen wird es möglichst unterlassen. Ebenso hält es der Bauer mit dem Flicken und Stopfen.

Die gesamte Wäsche eines Verstorbenen – also nicht nur Bett-, sondern auch Leibwäsche – soll in den ersten vier Wochen nach dem Tode nicht gewaschen werden, weil sonst bald wieder jemand stirbt.

Färben

Die Kunst des Färbens ist heute weitgehend verlorengegangen, früher war sie ganz allgemein bekannt, da sowohl Leinen als auch Wolle im eigenen Haus gewonnen wurden. Entweder hat man die Garne oder die daraus gefertigten Webstoffe gefärbt. Dabei war es notwendig, erst einmal durch Soden die schmutzigen und fettigen Bestandteile abzulösen, und durch anschließendes Bleichen völlige Reinheit zu erzielen. Inzwischen waren die Farbmittel durch Auslaugen oder auch Auskochen gewonnen worden, in die der zu färbende Werkstoff kam. Verwendet wurde stets nur Regenwasser. Der Färbvorgang, verschieden nach Farbe und Stoff und deshalb sehr vielgestaltig, ist kaum noch bekannt. Es sollen nachstehend wenigstens die noch heute üblichen Farbunterschiede mit aufgeführt werden.

Blau wurde vor Einführung von Indigo weitgehend mit dem auch in unserm Arbeitsraum angebauten Waid gefärbt. Das Flarchheimer Flurbuch von 1575 nennt die Alte Waidmühle. Blau gefärbt wurden noch am Ende des neunzehnten Jahrhunderts die Frauenschürzen und die Spankittel der Männer. Blitzeblau (blı̊tsəblaiwə) kann die Nase eines Trinkers oder auch ein erfrorener Körperteil sein.

Braun wurde vielfach das Garn gleich bei dem Soden gefärbt, wenn es zum Strümpfestricken oder zur Anfertigung von Strickjacken verwendet werden sollte. Dazu benötigte man die äußeren grünen Schalen der Walnüsse, die Nußnaiffel, oder auch Erlenbaumrinde. Hier oder da ist wohl auch Eichenrindenbast verwendet worden.

Gelb färbte die Hausfrau mit Ginster, der in unserm Arbeitsraum aber selten vorkommt und deshalb von Frachtfuhrleuten des Dorfes unterwegs gesammelt wurde. Der Ocker, ein erdiges Mineral, wurde am Roten Berg gesammelt und zum Tünchen benutzt. Ostereier wurden und werden noch heute mit Zwiebelschalen gefärbt. Ginselgelb (gi̊nsəlgāl) ist ein intensives helles Gelb, scheißgelb (schißgāl) ein widerliches bräunliches Gelb.

Grau ist wohl selten gefärbt worden. Katzengrau (kåtsəngraiwə) ist ein dunkeles Grau.

Grün wurde früher sehr viel gefärbt entweder durch Überfärben eines gelben Untergrundes mit Blau, oder unmittelbar mit Schachtelhalm oder auch Wacholderbeeren. Wer schwansgrün (schwānsgri̊n) ist, der hat eine ungesunde fahle Gesichtsfarbe.

Rot war besonders beliebt. Aber gerade dafür wurde Cochinille gekauft, vielfach auch Krappwurz. Ob sie früher auch bei uns angebaut worden ist, konnte nicht ermittelt werden. Für Ostereier verwendete die Hausfrau den Saft der überreifen Beeren des Gemeinen oder Hirschdorns, Rhamnus cathartica L., zuletzt aber auch das Umschlagpapier von »Frank's Kaffee« (Zichorienkaffee-Ersatz). Zimmerleute und Maurer verwendeten das erdige Mineral Bols. Feuerrot (fīriəruət) ist ein grelles Hellrot, Zunderrot (zûnnərruət) ein nach Gelb hin gehendes.

Schwarz wurde mit Hilfe von Kienruß gefärbt. Rabenschwarz (roamənschwårz) ist ein ganz intensives Schwarz.

anwerjen (oanwerjən) ankleiden. Siehe »Mit unserer Sprache« Seiten 56 f.

Bleichfleck (blaichflakk – N.) = nördliches Ufer des Eichbachs unmittelbar westlich des heutigen Dorfes mit noch vorhandenen Steinen für das Wäschewalken. Das gegenüberliegende Südufer heißt Weidenfleck. – *Bleichried* (blaichrīd – N.) = Bleichfleck in Oberdorla, durch einen Graben zur Wiese »Kleines Ried« getrennt. – Es ist sichtlich unmöglich, den zweiten Wortteil zu Rietgras zu stellen, da dies ja das genaue Gegenteil bedeuten würde. Ich stelle ihn zu lit. krýti (»Leinwand« ausbreiten) aus ideur. +(s)qri (scheiden, sondern), mit t-Erweiterung, daraus nach germ. Lautverschiebung k>h das unbezeugte germanischen Wort Ried = Breiten. Das Bleichried ist demnach der Ort zum Ausbreiten der Wäsche zum Bleichen.

Bleuel – Schlagplatte siehe »Bäuerliche Tätigkeiten« Seite 65.

draischen – Wasser herunterlaufen lassen, siehe »Bäuerliche Tätigkeiten« Seite 92.

fuddeln (fuddəln – V.) = Wäsche schlecht waschen. »du fuddəlst ënn bi̊ßchən do ri̊m ůn glaibst, dr drakk ës schůn rūs uß dr hōsən = du fuddelst ein bißchen da herum und glaubst, der Dreck ist schon heraus aus der Hose«. – *Fuddelwäsche* (fuddəlwäsch F.) = flüchtiggewaschene Wäsche. – Das weder im Deutschen noch vorhergehenden Germanischen belegte Wort ist vorgermanisch aus ideur. +bhug (fliehen, erschrecken in der Bedeutung »ausbiegen«) auf den Alltag übertragen abgeschwächt zur Bedeutung »flüchtig« entsprechend lat. fugax (flüchtig, vergänglich, für den Augenblick). Zur klareren Darstellung der Unterschiede hat die Grundsprache durch vorgerm.-ideur. Lautverschiebung g>d ein iterativisches neues Wort gebildet.

Glanzstein (glänzštain – M.) = Glättestein, urzeitliches Bügeleisen. Es wurde ein möglichst hartes Gestein verwendet, das als Geröll im Bach oder auch aus der Moräne des Eiszeitgletschers völlig glatt und entweder faustgroß oder bis zwanzig Zentimeter lang war. Früher ist vermutlich die Leinenwäsche gleich nach dem Waschfest geglänzt worden.

Keule (kīlən – F.) = als Klopfkeule etwa fünfundzwanzig Zentimeter lang, walzenförmig und mit zu einem Griff verlängerter Mittelachse. Sie gehörte eigentlich zur Flachsbereitung, wurde jedoch und wird vielfach noch heute als Vorläuferin des Bügeleisens zum Klopfen der »Blauen Sachen« oder auch bunten Wäsche verwendet, die zu diesem Zweck zusammengerollt wird. Sie wird im zusammengerollten Zustand in Truhe oder Schrank gelegt. – *Keule* (kīlən – F.) = etwa meterlange aus einem einzigen Holzstock zurechtgeschnittene Keule zur Verwendung mit zwei Händen. – Die Sache »Keule« ist bereits in Form von geschliffenen durchlochten Knaufhämmern seit Beginn der Jüngeren Steinzeit vor rund sechstausend Jahren bekannt gewesen, das hölzerne Gerät mag noch Tausende von Jahren älter sein. Trotzdem steigt das Wort erst zu mhd. kiule (Keule) aus einer Grundsprache auf, so daß die Sprachwissenschaft die merkwürdigsten Überlegungen zur Erklärung dieses Werkzeugnamens anstellt. Es entstammt ideur. +kel (schlagen, brechen), kūlẽ (Schlägel, Keule, Streitkolben), das als echtlitauisch nachgewiesen wurde. Unser gsp. kīlən ist entweder Ablaut zu ideur. +kel oder entsprechend dem baltischen Beleg entrundet u>ü>i. Siehe »Mit unserer Sprache« Seiten 146 ff.

klammern (klāmmərn V.) = zusammenfassen, mit Klammern versehen. – *Klammer* (klåmmər –F.) = Gegenstand zum Festklemmen, bis zur Mitte des zwanzigsten Jahrhunderts aus Holzplättchen geschnitten etwa 10 x 2 x 0,5 cm. – *Klammersack* (klåmmərsåkk – M.) = um den Hals getragene sackartige Leinentasche zum Aufnehmen der Klammern. – Das Wort in dieser Bedeutung ist erst aufgestiegen mhd. klamer, klamere, jedoch auch belegt an. klömbr (Klemme), dazu mhd. klemberen (verklammern), an. klambra (zwängen, einschließen). Zugrunde liegt ideur. +(s)labh (fassen, nehmen), dazu gr. lambánō (fassen, nehmen; sich an etwas halten usw.), mit griechischer Vorsetzpartikel gr. peri-lambánō (klammern, umfassen, festhalten usw.). Im Deutschen ist die nichtgerm. untrennbare Vorsetzpartikel ka- dafür eingetreten mit dem Begriff des Zusammenfassens, des Abschließens. Die Konsonanten mb sind durch Gemination zu mm zusammengeflossen. Das Wort ist also nichtgerm.-ideur. und kann deshalb mit den Mitteln der Germanischen Lautgesetze niemals erklärt werden.

knurjeln (knurjəln –V.) = ein Stoffstück zusammendrücken. Meistens wird das Wort in der Form verknurjeln gebraucht, und zwar in der Vogtei Dorla, dafür in Flarchheim verknutteln. – Das in seiner Urbedeutung kaum noch erkennbare Wort hat von der germanischen Grundbedeutung »Knoten« her die nichtgerm. Lautverschiebung t>s>r durchlaufen, was weitgehend das Wort knüllen ergibt.

knutteln (knuttəln – V.) = ein Stück Tuch in Falten zusammendrücken. – Das Wort gehört ganz offensichtlich zu Knoten. Der Knoten ist ursprünglich eine Teilarbeit des Spinnens und Webens und Schneiderns gewesen, wie gsp. knütten (knüpfend Knoten machen) noch erkennen läßt. Von hier aus ergibt sich Zusammenhang mit ideur. +klō (flechten, spinnen), was urzeitlich ein Arbeiten mit den Fingern bedeutet hat. Dazu gehören gr. klṓthō (spinnen), klōstḗr (Knäuel; Faden, Gespinst; Spindel), Klõthes (die drei Schicksalsgöttinnen oder Moiren, eigentlich »die den Faden Knotenden«). Erst nach vorgerm. Lautverschiebung l>n steigt das Wort aus einer Grundsprache auf zu ags. cnotta, an. knūtr (Knoten), ags. cnyttan (stricken), im Deutschen zu ahd. knodo, knoto, daraus mhd. knode, knote (Knoten). Die Bedeutung ist also »das Geknotete, Geknüpfte, Gestrickte durcheinanderbringen«. Der Vorwurf lautet ganz richtig: »du můßt nᵉich ålləs vərknuttəl = du mußt nicht alles verknutteln«, verknüllen.

Lauge (låimən – F.) = aus Holzasche ausgezogenes Waschmittel. Verwendet wurde nur Buchenasche, die zu diesem Zweck gesammelt und notfalls aus dem Backhaus herangeholt wurde. – *Laugensack* (låimənsåkk – M.) = weitmaschiger Sack, in den die Buchenasche zur Gewinnung von Lauge geschüttet wurde. – *In der Lauge stecken* (in dr låimən štĕkk) heißt es, wenn die Wäsche vor Beginn des eigentlichen Waschens eingeweicht worden ist. – Zugrunde liegt ideur. +lou, +lu (spülen, waschen) dazu gr. loýō (waschen, baden), aufgestiegen zu ags. lēag (Lauge), an. laug (Badewasser), im Deutschen zu ahd. louga, daraus mhd. louge (Lauge).

läutern (littərn – V.) = klären durch Spülen. Kluge/Mitzka nehmen einen Bedeutungswandel an, der nicht besteht, weil unser läutern unmittelbar gr. klýzein (spülen) über ags. hlūttrian und im Deutschen ahd. (h)lūtaren, mhs. liutern (lauter machen) fortsetzt.

ribbeln – reiben, siehe »Lebensfeste« Seite 83 f.

Rumpel – Gerät, siehe »Bauer als Ackermann« Seite 207.

schwansgrün (schwānsgrᵉīn – Adj.) = kränklich grüne Gesichtsfarbe. – Das nirgends belegte Wort ist nichtgermanisch zu ideur. +kēw, +kaw (brennen), daraus beispielsweise lit. kaĩpti (schwindelig werden, kränkeln, siechen), daraus als Verstärkung lit. kvaĩkti (betäubt, benommen werden) und nasaliert lit. kvañkti (aufdunsen, schwer atmen, röcheln) mit der Wurzel +kvank, die nach nichtgerm. Lautverschiebung k>s zu +swans/schwans- sich weiterentwickelte. Es ist also ein Grün, das ein Kranksein andeutet.

Sechter (sechtər – M.) = hölzernes Gestell zur Laugenherstellung. In ihn wird der Laugensack gelegt und mit heißem Wasser »geleckt«. – Die Etymologen kennen durchweg nur das Hohlmaß, dessen Name aus lat. sextārius entlehnt ist. Kluge/Mitzka erklären richtig »Ein anderes Wort ist alem. Sechter ›Sieb‹ zu seihen«. Aber ihre Etymologie ist unklar, weil sie es zu völlig unzureichenden ideur. Gleichungen stellen. Unser Wort Sechter ist nichtgermanisch entsprechend lit. tē̃kšti (Dickflüssiges triefen), tikšė̃ti (tropfen, tröpfeln, sickern) und Zubehör aus ideur. +tek (zerfließen, schmelzen).

Sieme (sīmən – F.) = Wäscheleine. Siehe »Bauer als Ackermann« Seite 57.

Stäbbel – Stütze. Siehe »Bauer als Ackermann« Seite 188 f.

stiffern (štifərn – V.) = die Sieme (Wäscheleine) hochstützen. Siehe »Lebensfeste…« Seite 140. In der Vogtei Dorla sagt man stattdessen »mët gåwwəln štētsəln = mit Gabeln steetzeln«, stützen.

walken (wåləkən – V.) = nasse als auch bereits getrocknete Wäsche klopfen. – *walken* (wåləkən –V.) = prügeln mit einem Stock verprügeln. – Dazu Walken, Gewalke, Walkerei. – Die Etymologie kennt walken, Walkmühle und meint, die Bedeutung »prügeln, verprügeln« damit in eins setzen zu können. Kluge/Mitzka erklären, das Wort walken sei »alt stets ein rollendes, walzendes Hin- und Herbewegen«, was aber die Bedeutung »prügeln« nicht zu erklären vermag. Hermann Paul möchte darin eine »erst durch scherzhafte Übertragung« entstandene Bedeutung erkennen. Aber bereits in deutscher Zeit ist das lautgleiche Wort ahd. walkan, dies zu mhd. walken (prügeln, durchbleuen), ez walken (drauflos arbeiten mit Hauen und Prügeln) aus einer nichtgerm. Grundsprache aufgestiegen. Es liegt zugrunde ideur. +alek (wehren, abwehren), daraus gr. walkimos (kampflustig, wehrhaft, tapfer) und Zubehör, russ. swalka, poln. walka (Kampf), walczyć (kämpfen), lett. velce (Rute zum Verprügeln), vìlkt (einen Hieb versetzen).

wringen (r̊ingən – V.) = Wäsche so mit den Händen zusammendrehen, daß alles Wasser ausläuft. – *auswringen* (ūsr̊ingən –V.) = dasselbe mit verstärktem Hinweis auf das Herausquetschen des Wassers. – Das in dieser Lautform nur noch im West- und Nordgermanischen sehr lebendige Wort ist bereits zu Beginn des Deutschen mit w-Ausfall belegt: ahd. hringan, ringan, mhd. ringen (windend drückend bewegen). Die gemeindeutsche Lautform ist dem Niederdeutschen nachgebildet, um den Bedeutungsunterschied zu betonen.

zunderrot (zůnnərruət – Adj.) = nach Gelb hin gehendes Rot. So kann ein Haar zunderrot sein oder auch ein Stoff. Im Gegensatz ist »fīriəruət = feuerrot (feurigerot!)« ein grelles Hellrot. – Das Wort gehört zur Bedeutung »zünden«. Zunder ist der getrocknete Baumschwamm zum Auffangen der gekipsten Feuerfunken.

Butter- und Käsebereitung

Die Grundlage von Butter und Käse ist die Kuhmilch – und da in alten Zeiten beide vielfach das wichtigste Zubrot waren, mußten schon aus gesundheitlichen Gründen die Striche (Zitzen) der Euter beim Melken restlos »usgəstrepfəlt« werden, so daß kein Tropfen zurück blieb. Vom Stutz (heute vom Melkeimer) schüttet die Melkerin die Milch über einen nicht zu engmaschig gewebtes »sailappən = Seilappen (Seihtuch)« in den einhenkeligen Tontopf, das Räps (heute in die Milchkanne) – die Milch wird geseit und dadurch von allen Unreinigkeiten befreit. Da es hier um das Volkskundliche geht, lasse ich alle Arbeitsweisen seit Gründung der Molkereien beiseite und betrachte nur die früheren.

Im Räps – oft stand in alten Häusern eine ganze Reihe solcher Räpse voll Milch nebeneinander in einem in die Wand eingearbeiteten und mit einen Vorhang abgeschlossenen Regal in Ofennähe, dem »Fach«. Die Milchtöpfe wurden mit hölzernen, oft achteckigen Holzdeckeln abgedeckt. Beginnt die Milch sauer zu werden, dann setzt sich der Rahm obenauf ab, da er leichter ist. »sūrə meləch = Sauermilch« (die Zusammensetzung zu einem Dingwort ist in der westthüringischen Grundsprache nicht üblich) ist ein beliebtes

Mittagessen an heißen Sommertagen, besonders wenn zum Kochen des Mittagessens nur wenig oder überhaupt keine Zeit ist. Solche Sauermilch mit Zucker und Zimt sowie eingebrocktem Bauernbrot sättigt mehr, als man annehmen möchte.

Süßer Rahm war früher unbekannt, da man nur den auf der Sauermilch abgesetzten benutzte. Ob zum Säuern irgendein Lab verwendet worden ist, wodurch es beschleunigt wurde, weiß heute niemand mehr, doch ist dies aus dem Namen »leawədi̊pfən = Labdöpfen« zu schließen. Das ist ein hoher Tontopf mit daumenstarkem Loch seitlich am Boden (wie beim Honigtopf Zeide genannt) zum Sammeln von Rahm. Beim Butterrühren, dem Buttern, wurde lediglich der Zapfen oder Stöpsel aus der Zeide gezogen, damit die Molke ablaufen konnte. Darauf wurde sie wieder geschlossen, und mit der Butterknulle begann das Rühren. Um ein rascheres Gerinnen zu ermöglichen, wurde ein Labmagen noch junger säugender Kälber oder noch besser die darin gesäuerte Milch mit Salz vermischt oder eingerieben und getrocknet, sodann eine kleine Menge in kalter salziger Milch aufgelöst und dem Rahm zugesetzt. Der Rahm wird nicht abgeschöpft und es wird auch nicht entrahmt, sondern »ūsgəriəmt = ausgerahmt«. Ist die Säuerung noch nicht völlig beendet, dann löst sich der Rahm schlecht von der Sauermilch: es kann nicht »ūsgəriəmt« werden, oder auch »də mëləch ës ni̊ch ūsgəriəmt = die Milch ist nicht ausgerahmt.

Der Rahm (dr ruəm) wird zur späteren Verarbeitung in einem besonderen Rahmtopf gesammelt, in größeren Bauernhöfen im »leawədi̊pfən = Labdöpfen«. Es war eine andere Form des Zeideltopfes, bei dem das Loch seitlich am Boden etwa daumengroß war, eben die seitlich angebrachte Zeiden. Diese Zeiden (Topfausgüsse) wurden mit einem Stöpsel verschlossen.

Setzten sich auf dem Rahm blaue Butzen ab, dann war dies ein Zeichen, daß die Kühe »das Feuer« hatten und entsprechend eingegriffen werden mußte.

Rahm allein wird gern auf Brot gegessen, gewürzt mit etwas Salz, Kümmel und Ingwer. Gut dazu schmeckt eine frische Sauere Gurke. Rahmkuchen besteht aus einfachem Hefeteig mit einem Guß aus dünnem Rahm mit Fett oder Öl, einigen Eiern, Mehl und wenig Zimt. Je dicker dieser Guß aufgetragen wird, desto besser schmeckt dieser einfache »nasse« Kuchen. Auch der im Gegensatz dazu »trockene Kuchen« kann mit Rahm verbessert werden;

dann wird möglichst fester Rahm aufgestrichen und anschließend mit klarem weißen Zucker und Zimt bestreut. Die Bezeichnung Schmand für Rahm ist bekannt, aber ungebräuchlich.

Butter

Das Buttern war noch am Ende des neunzehnten Jahrhunderts eine anstrengende Arbeit, da es mit der Hand erfolgen mußte. Mit einem großen Löffel wurde der Rahm vorsichtig in einen »Koblenzer«, also in einen Steintopf geschüttet und mit der Butterknulle solange gerührt, bis sich Butter bildete. Es mußte vorsichtig verfahren werden, weil sich in jedem Räps Molke abgesetzt hatte, die beim Buttern ferngehalten werden mußte. Bei Labdöpfen war es etwas einfacher, denn es wurde der Stöpsel herausgezogen und die Molke abgelassen. Nun konnte gleich im Labdöpfen »gəriͤrt = gerührt« werden.

Etwas Butter in den Rahm getan, nachdem er eine Zeitlang gerührt worden war, erleichterte das Buttern. Vereinfacht wurde die Arbeit durch die »bůttərlīrən = Butterleier«, das war ein Holzkasten auf Holzfüßen in Form zweier Leisten, in dem auf einer hölzernen Welle vier hölzerne durchlöcherte Flügel angebracht waren, die von außen mit einem Kreckel (Kurbel) gedreht werden konnten. Die Flügel schleuderten den Rahm herum und verwandelten ihn dadurch in Butter. Wie beim Rühren sonderte sich dadurch die Buttermilch ab, die getrunken oder auch jungen Kälbern gegeben wurde.

Butter wurde so oft gerührt, wie Bedarf im Haushalt war. Wurde jedoch für den Verkauf gebuttert, dann wurde der »ruəm = Rahm« etwa vierzehn Tage lang aufgesammelt, da der sogenannte Buttermarkt in Mühlhausen alle vierzehn Tage stattfand. Zahlreiche Familien hatten feste Abnehmer und richteten sich deshalb nur fallweise nach dem Buttermarkt – denn im Sommer wurde der Rahm leicht ranzig, so daß aus ihm hergestellte Butter keine Abnehmer fand.

Was sich beim Rühren als Butter absetzte, warf die Hausfrau in die kleine hölzerne Buttergelte, in der es geknetet und schließlich zu einem Kloß mit etwas Salz »gəmänt = gemengt« wurde. War sie im Winter recht weiß, dann wurde etwas Möhrensaft dazwischen geknetet, der ihr eine gelbere Farbe verlieh. Nun wurden kastenförmige Wecke geformt, für den Haushalt einfache, die mit einer Messerspitze »bunt« gemacht worden waren. Für den

Verkauf bestimmte Wecke wurden in eine Holzform, den Model gedrückt, der am Boden mehr oder weniger kunstvoll ausgeschnitzt war. Der wurde dann in kaltes Wasser gelegt, damit der Weck sich härtete. Wer keinen solchen Model besaß, der schnitt sich einen Stempel aus Kartoffeln zurecht und verzierte auf diese Weise seine Wecke.

Jede dörfliche Marktfrau besaß ein kleines etwa 40 x 40 cm messendes Butterkörbchen mit zwei kleinen Henkelgriffen, das genau in den »štoadkorb = Stadtkorb (Rücken-Tragekorb)« paßte. In ihn kamen auf einem sauberen weißen Leinentuch die einzelnen Wecke, die in Butterpapier gewickelt und mit sauber gewaschenen Weinrebenblättern oder auch Rhabarberblättern voneinander getrennt wurden. Es war üblich, daß die Käufer mit einem Pfennig oder einem Zweier etwas Butter abstrichen und kosteten. Wer seine festen Abnehmer hatte, der brauchte derartig unappetitliche Kostproben nicht zu befürchten.

Solange die Kühe noch auf die Weide gingen und auch die Wälder beweidet wurden, was in Flarchheim bis zur Flurbereinigung in der Mitte des neunzehnten Jahrhunderts geschah, forderten manche Käufer im Frühjahr Ramselbutter, das war Butter aus Milch von solchen Kühen, die vor der Blüte im Walde den Falschen Knoblauch oder Bärenlauch, Allium ursinum L., gefressen hatten. Daraus ist ersichtlich daß der Bärlauch bei uns früher Ramsel genannt wurde, was zu den ältesten europäischen Pflanzennamen gehört.

Ein Butterflädchen (bůttərfladchən) für die Kinder, ein Butterfladen (bůttərfloadən) für Erwachsene gehörte fast täglich zum Frühstück und zum Abendbrot. Aber selbst diese Fladen waren nicht allzu dick aufgetragen, weshalb Butter erst dann aufgeschmiert wurde, wenn sie nicht mehr dull war – ein Wort, was mit irgendwie gearteter Tollheit nichts zu tun hat, sondern bei Kälte die Härte und damit die Nichtschmierbarkeit meinte. Wurde trotzdem des Guten zuviel getan, wurde »drůff gedēkt = drauf gedeekt«, dann hieß es in vorwurfsvollem Ton: »dak n̊ich zə veal ůff = dake nicht zu viel auf!« Nur wenn eine Bemme (bammən), das sind stets zwei Brotscheiben, zu bestreichen waren, dann war dieses Dickauflegen selbstverständlich. Aber Butter und Wurst, Butter und Käse zusammen auf einem Fladen galt als verschwenderisch, weshalb stets erklärt wurde: »war kënnə zwai hissər hät, dar i̊ßt n̊ich zwaiərlai ůffs bruət = wer keine zwei Häuser hat, der ißt nicht zweierlei aufs Brot!« Wer auch zwei Häuser besaß, der tat es nur selten – denn Bauernbutter aus sauerem Rahm und Bauernbrot war tatsächlich ein kräftiges und köstlich mundendes Essen.

Im Volksbrauch ist die Butter verhältnismäßig wenig bedeutsam. Nur die Butterhexe spielte eine gewisse Rolle, da behauptet wurde, sie fresse die Butter, und zwar bereits aus dem zu butternden Rahm, so daß sich beim Buttern keine Butter bilde. Es ist die Gemeine Florfliege, Chrysopidae perla, in die sich eine Hexe oder auch ein elbisches Wesen verwandelt haben soll. In Wirklichkeit liegt eine zu Beginn der christlichen Zeit stammende volksetymologische Umdeutung vor, die keine Beziehung zur Butter hatte.

Im Spiel der Mutter mit dem Kleinstkinde wird vorerst unerklärbar auch auf die Butter Bezug genommen:

Ailschən – schmailzchən (von Schmalz),
biͤttərchən (Butter) – sālzchən (Salz):

während dieser Worte streicht der Zeigefinger im hohlen Händchen des Kleinstkindes

gīgchən s datschchən (Händchen)

der Zeigefinger macht die Bewegung des Stechens ins hohle Händchen

påtschchən .... klåtschchən!

beidemale werden leichte Schläge in das offene Händchen gegeben.

Etwas verkürzt lautet das Sprechspielchen:

Ailschən – schmailzchən,
biͤttərchən – sālzchən.
Kriwwəlgrabbəl ....
påtschchən ... klåtschchən!

Ganz ähnlich in der Ausführung, wenn auch ein wenig anders lautend, heißt es:

Sälchən – schmälchən –
bůttərwĕkkchən.
Kriwwəlgrabbəl ...
gruəßər påtsch.

Schließlich gibt es noch die Form

Sälchən – schmälchən –
biͤttərchən – riͤmchən (von Rahm).
gīgchən s patschchən (von Patsch statt Datsch).

Die Butterbirne (bůttərbërn) hat wohl ihren Namen von dem leicht schmelzenden Fleisch. Die Butterblume (bůttərblůmmən) oder auch Dotterblume (důttərblůmmən), die Sumpfdotterblume Caltha palustris L., deren junge Blütenknospen als Kapern verwendet werden, hat ihren Namen von der gelben Farbe. Das gilt auch für den Butterpilz, Boletus luteus L., der auch ein weiches schmelzendes Fleisch hat. Nur nach der Farbe ist der Buttervogel (bůttərfåil) genannt, der zu den Weißlingen gehörende Zitronenfaltervogel, Gonopteryx rhamni L., der vor allem im zeitigen Frühling oft stark auftritt.

Die in Westthüringen anscheinend schon seit Urzeiten hergestellten Käsesorten sind wenig zahlreich. Das mag weniger an der Unfähigkeit liegen, neue Käsesorten zu entwickeln, als vielmehr am Festhalten an dem von Eltern und Großeltern nun einem Überlieferten – zumal wenn irgendwelche kultischen Beziehungen festgestellt werden können.

Käse kann erst dann bereitet werden, wenn die einzelnen Käseïnteilchen zusammen mit den Fettkügelchen von der Molke getrennt worden sind. Das geschieht durch Anwärmen der abgerahmten Sauermilch auf nicht zu heißer Herdplatte oder in der Ofenröhre: »də sūrə mëləch wërd ůffgəštuəßən = die sauere Milch wird aufgestoßen«. Dabei hottet (germanisch!) oder schottet (vorgermanisch) sich die Milch, was auch dann geschehen kann, wenn bereits angesäuerte Milch in den Kaffee geschüttet wird. »də mëləch hät sich gəschott = die Milch hat sich geschottet«.

Nun läßt man den Topf wieder erkalten, bevor alles zusammen in den »måttənsåkk = Mattensack« aus Leinen zum Abtropfen der Molke geschüttet wird. Würde dies in heißem Zustand geschehen, dann würde die Matte am Sack kleben und müßte abgekratzt werden. In größeren Haushalten wird eine »måttənpraß = Mattenpresse« verwendet, das ist ein viereckiger Holzkasten mit zwei langen und zwei kurzen Holzbeinen mit einer Auslauföffnung, in den der mit einem Stein beschwerte Mattensack gelegt wird, damit die Molke rascher abfließt. Nach dem völligen Abtropfen läßt man die Matte erkalten, bevor sie aus dem Mattensack genommen wird. Scherzhaft wird ein ähnlich geformter Kinderschlitten als Mattenpresse bezeichnet.

Matte in Scheiben geschnitten und auf Butterbrot gelegt, schmeckt zusammen mit etwas Salz ausgezeichnet. Der außerordentlich beliebte Mattenkuchen (Quarkkuchen) schmeckt nur auf Hefeteig. Die Matte wird, weil sie sonst an dessen Wänden kleben bleibt, zusammen mit etwas Mehl, Rahm, Eiern, Zucker und Salz geknetet oder gerührt und dann aufgestrichen. Einige Korinthen verfeinern den Geschmack. Je dicker die Auflage, desto besser der Mattenkuchen.

Schmierkäse

wird im städtischen Haushalt »Quark« genannt. Er entsteht durch Vermischen nicht allzu sehr »aufgestoßener« Matte mit Rahm, etwas Milch, mehr oder weniger Kümmel und etwas Salz. Die Matte wird vorher oft gesondert tüchtig durchgeknetet, damit kein Klümpchen zurückbleibt. Vielfach begnügt man sich auch mit starkem Quirlen gleich zusammen mit den genannten Zutaten. Vielfach werden auch Zwiebelschlotten beigemischt. Scherzhaft wird oft vor dem Essen gesagt »gədůld ewwərwingt schmearkasə = Geduld überwindet Schmierkäse«.

Brandkäse

Wird die Matte etwas länger »aufgestoßen«, dann erhärten sich die aus Käseïn und Fett zusammenhängenden Teile feinsandig, so daß sie gritzelig (grützeartig) wird. Sie wird dann solange stehengelassen, bis sie entbrennt. Die Zubereitung ist dann wie die des Schmierkäses. In der sommerlichen Hitze entbrennt auch für Schmierkäse zubereitete und nicht sogleich weiterverarbeitete Matte, die dann ebenfalls für Brandkäse geeignet ist.

Kochkäse

Etwas länger »aufgestoßene« und stärker ausgepreßte Matte wird in eine Schüssel gekrümelt und mit einem feuchten Tuch bedeckt. Dadurch (bis zur Jahrhundertwende in zahlreichen Familien:) entbernt sie, und heute ganz allgemein, sie wird »ëntbrānt = entbrannt«, sie wird dabei etwas glasig und gaiflich, das heißt sie beginnt in Bewegung zu geraten. Eine Zugabe von Natron kann diesen Vorgang beschleunigen. Diese Masse wird nun solange gekocht und ständig gequirlt, bis sie lange Fäden zieht. Mit Kümmel und etwas Salz gewürzt, ist der Kochkäse speisefertig.

Handkäse

Die für Handkäse, auch Harter Käse genannt, bestimmte Matte muß ganz trocken ausgepreßt sein. Sie wird dann zusammen mit Kümmel und Salz vermischt und immer wieder durchgeknetet, schließlich in Größe und Form kleinerer Untertassen auf das dafür bestimmte Käsebrett, notfalls auch auf einer Kuchenschüssel luftig zum Trocknen ausgelegt. Zum Schutz vor Fliegen wird ein ganz dünnes Tuch oder auch ein sauberes Papierblatt darüber gedeckt. Ist die eine Seite getrocknet, dann wird umgedreht, bis auch diese völlig abgetrocknet ist. Nun kommen sie in einen Tontopf schichtweise und werden mit einem nassen Lappen zugedeckt, der von Zeit zu Zeit abgenommen und ausgewaschen werden muß. Soll die Reifung beschleunigt werden, dann wird jeder einzelne Käse vor dem Einlegen mit schwarzem Kaffee oder Einfach Bier (Malzbier) abgewaschen. Der mit einem feuchten Tuch bedeckte Inhalt wird sich nun selbst überlassen, nachdem der Topf zugebunden und wegen der gleichmäßigen Wärme in den Kuhstall gestellt worden ist. Der Käse ist »riff = reif«, wenn er gelb ist und zu laufen beginnt.

Ist zuviel Käse eingelegt worden, dann beginnt der Rest leicht zu schimmeln, so daß er herausgenommen und abgekratzt werden muß, weil der – allerdings gesunde – Käseschimmel leicht alles durchdringt. Im Sommer zersetzt sich der Käse leicht und beginnt zu gaifeln (flüssig zu werden), zu »laufen«, was aber den Geschmack keineswegs mindert: er heißt dann ohne herabsetzende Bedeutung »Stinker«.

Bis zum Ende des neunzehnten Jahrhunderts wurde Handkäse mit Brot, aber ohne Butter gegessen. Selbst bei Spinn- und Spellstuben wurde keine Ausnahme gemacht, wenn gegen 22.00 Uhr der Hanewackel auf den Tisch kam. Gerne aß man aber auch einmal ein Stückchen ittel/eitel ohne Brot. Von einem Flarchheimer Schäfer, dessen Name vergessen ist, wird erzählt, wie er am Ersten Wasser (Kammerbach) sein Sumbrot (Dreiuhrbrot, Vesper) verzehren wollte, Brot und Käse aus seinem Kober herausholte, wobei der runde Bauernkäse ins Wasser rollte, darauf sagte er:

liͤb bruət, blibb lī ... — *Lieb Brot, bleib liegen ...*
abər diͤch, kāsə, — *aber dich, Käse,*
diͤch kånn dås — *dich kann das Donnergewitter*
důnnərgəwattər gəhůll! — *holen (gehole)*

Brot und Käse gehörten demnach zum Sumbrot, keineswegs aber Butter. Wer aber derartig zubereiteten Handkäse einmal gegessen hat, der wird leicht verstehen, daß der kräftige Geschmack durch Butter aufgehoben würde. Selten wurde Handkäse für den Verkauf gefertigt. Geschah es doch hin und wieder, dann rechnete man zu einer »mānəl = Mandel« nicht fünzehn, sondern sechzehn Stück.

Das Käsekraut hat seinen Namen nach den käseförmigen Früchten, die gern von Kindern gegessen werden. Es ist eine der in Mitteldeutschland zahlreich vorkommenden Malvenarten. Der ehrende Beiname -krūt erinnert an jene vergangenen Zeiten, als »krītər̊ich = Kräuterich« jeder Art die bäuerlichen Mahlzeiten zu bereichern hatten.

Von einem kränklichen Menschen wird gesagt, »ha siət ūs wī ënn graiwər kāsə = er sieht aus wie ein grauer Käse«.

Im vorchristlichen Kult hat der Handkäse anscheinend eine bedeutende Rolle gespielt. Das ist dem Brauch beim Questenfest (nördlich des Kyffhäusers) zu entnehmen; nach ihm waren in der am ersten Pfingsttag gebauten Lauerhütte die Käsemänner aus Rotha zu erwarten, die in der Nacht zum zweiten Pfingsttag ein Brot und zwei Käse dem Questenberger Pfarrer mit den Worten »Ich bin der Mann von Rothe/Ich bringe die Käse mit dem Brote« überbringen mußten. Gerade die Tatsache, daß der Pfarrer als Empfänger eingesetzt worden ist, läßt auf kultische Zusammenhänge schließen. Die Flarchheimer Pfingstburschen verzehren am Pfingstsonnabend nach dem Schlagen der Maie im Wald (wobei jeder Bursche einen Axtschlag tun muß) in einem Kreis um sie herum Brot und Käse (aber keine Butter dazu) und trinken dazu Schnaps. Auch anderwärts sind ähnliche Bräuche bekannt. Die Lüneburger Artikel von 1527 verboten das Käseessen zu Pfingsten, protestantische Kirchenordnungen aus dem sechzehnten Jahrhundert das Käseweihen. Landgraf Wilhelm von Hessen verbot im Jahre 1630 die sogenannten »Gevatterkäse« für die junge Mutter, doch der Rat der Stadt Marburg erinnerte am 10. Januar 1628 die Herren vom Deutschen Ritterorden an die Lieferung der Käse, die sie »nach alter Gewohnheit« am Neujahrstag allen Vertretern der Obrigkeit vom Statthalter bis zum Stadtschreiber zu liefern hatten.

Beim Pfänderspiel gilt es, den Ofen anzubeten – zum Gevatter zu bitten – die Tür ununterbrochen zu öffnen und zu schließen – Speck zu schnitzen. Bei diesem Spiel wird ohne Unterbrechung, bis Einhalt geboten wird, in rührseligem Tone gesagt, wobei der/die Betreffende in der Stubenmitte auf dem Fußboden sitzt:

heï siͤtz iͤch,	*Hier sitze ich,*
špakk schniͤtz iͤch,	*Speck schnitze ich,*
bůttər riͤr iͤch –	*Butter rühre ich –*
kāsə aß iͤch niͤch.	*Käse esse ich nicht.*

in Oberdorla steht statt der letzten Zeile

kāsə lakk iͤch:	*Käse lecke ich:*
s schmëkkt gůt!	*es schmeckt gut!*

Als Ausdruck der Klage über etwas Verlorenes ist ein anderes Liedchen zu betrachten:

åx, du liͤwər kāsə,	*Ach, du lieber Käse,*
hiͤləf miͤch dåx mët lasə!	*hilf mir (mich!) doch mit lesen!*
siͤəst n, iͤch hån min	*Siehst (du), ich habe mein*
gaild bəschott	*Geld beschüttet*
ůn hån drvōn nůn schimpf	*und habe davon nun Schimpf*
ůn schann ůnn špott.	*und Schande und Spott.*

Vermutlich ging der Text noch weiter, aber er ist verloren gegangen.

Brandkäse (brāndkāə M.) = eine Art Schmierkäse (Quark). – Das Wort Brand hat nicht unmittelbar etwas mit »brennen« zu tun, vielmehr gehört es (wie dieses) zu ideur. +bher(w), bhrū (gären, in Bewegung geraten, brausen und wallen), daraus beispielsweise lit. bréndau (reifen, aufquellen), brandà (Reife), und dieses nichtgerm.-baltische Wort steht unserm Wort Brandkäse am nächsten.

Butter (bůttər – F.) – *Buttergelte* (buttərgëltən – F.) = etwa zwanzig Zentimeter hohes kreisrundes Gefäß im Durchmesser von fünfundzwanzig Zentimeter. – *Butterknulle* (bůttərknullən – F.) – *Butterkörbchen* (bůttərkerbchən – N.) = mit zwei kleinen Henkelgriffen zum Einsetzen in den oberen Teil des Stadt-Rückentragkorbs. – Das Wort ist erst belegt spätahd. butera (gleichzeitig ags. butere), daraus mhd. buter. In Süddeutschland gilt das kelt. Anke, ahd. anko oder ahd. kuosmëro (Kuhschmer), mhd. milchsmalz (Milchschmalz). Im Nord- und Ostgermanischen galt und gilt nur Schmer. »Butter« soll eine Lehnübersetzung oder eine Umbildung eines skythischen Wortes der pontischen Steppe sein, das erst spät gr. boýtȳron (Kuhquark) ergab und zum erstenmale bei Varro (+ 27 vZtr.) lat. būtȳrum belegt ist. Wie dieses Wort erst im späten Althochdeutschen übernommen worden sein und die heimischen Bezeichnungen verdrängt haben kann, bleibt unerklärbar.

decken (dēkən – V.) = dick aufschmieren. – Das Wort ist eine durch Ablaut geschaffene Nebenform zu Dake (schmierige kleberige Erde), um eine zwar den gleichen Sinn jedoch eine andere Sache vertretende Bedeutung klar herauszuheben. Siehe »Bauer als Ackermann« Seite 202.

dull (důll – Adj.) = hart sein, nämlich Butter. »də bůttər ës důll, deï let siͤch niͤch štrichch = die Butter ist dull, die läßt sich nicht streichen«, ist nicht schmierbar. Dem gotischen Wort liegt zugrunde ein vorgerm. +dur (hart) entsprechend lat. dūrāre (hart machen oder sein) und Zubehör, das bereits vor Eindringen ins Gotische sich zu ideur. +dul (hart) gewandelt haben muß. Unser gsp. důll ist noch lautgetreu das nichtgerm. lautverschobene r>l ideur. dul (hart sein oder machen).

eitel – ohne etwas anderes, siehe »Bäuerliche Tätigkeiten« Seiten 155 f.

entbernen (ëntbernən –V.) = die für Brandkäse, Kochkäse, Handkäse bestimmte Matte (Quark) so behandeln, daß sie »entbrennt«, das heißt reif wird. Die heute nur noch von ältesten Leuten gehörte Lautform ist rein mitteldeutsch entsprechend md. bernen (brennen machen, anzünden), dazu mnld. bernen, ags. biornan, bœrnan. Wie so manches andere Wort, sowie grammatische Regeln verweist auch dieses vor dem Untergang stehende Wort die enge Beziehung des Westthüringischen zum Westgermanischen. Da ebenso enge Beziehungen zum Nordgermanischen bestehen, dürften diese ersteren Übereinstimmungen auf die vorgermanische Zeit zurückzugehen.

gaiflich (gaifliͤch – Adj.) = Zustand der Matte im Verlauf des Reifwerdens, wenn sie flüssig (zu laufen!) und glasig zu werden beginnt. – Das nirgends belegte Wort gehört zu ideur. +g(w)ai (leben), dazu in dieser Lautform nur lit. gaivà (Lebhaftigkeit, Frische), gaĩvelėtis (wieder aufleben), apreuß. gewinna (sie arbeiten), ferner ablautend und mit g-Wurzelerweiterung lit. gaižùs (ranzig, muffig, bitter), gìžinti (›Milch‹ sauer werden lassen), westoss. ángezun (gären), ostoss. anqīz-án (Sauerteig, Hefe), alb. ġize (Quark, Käse, gelabte Milch).

Grensing (grënsiͤng – M.) = Schafgarbe in etwa einhundert Arten, am verbreitetsten Gemeine Schafgabe, Chillea millefolium L. Junge Blätter werden gern auf Butterbrot gegessen. Ein teeartiger Absud von der ganzen Pflanze oder auch nur von den Blüten gilt als Mittel gegen Magenschwäche. – Weigand bezeichnet fälschlich das bereits mhd. ahd. grensine bezeugte Würzkraut als Gänsefingerkraut, Potentilla anserina L., und vergleicht deshalb den Namen mit mhd. ahd. grans (Schnabel des Vogels und des Schiffes), womit es nichts zu tun hat. Der Name ist nichtgermanisch, denn gr. a-gē̆raton (Schafgarbe) gehört zur Bedeutung »nie alternd, ewig jung bleiben« und führt deshalb zu gr. chrēmai (das Notwendige, das Erforderliche; Schicksalsbestimmung) und Zubehör aus ideur. +ghrē (bedürfen, begehren, verlangen). Man hat offensichtlich in alten Zeiten viel Grensingtee getrunken und die Blätter als Salat gegessen in der Meinung, daß dies zur Lebensverlängerung beitragen würde.

gritzelig (gritsəliͤch – Adj.) = feinsandig körnig. Das Wort, nirgends belegt, gehört zur Bedeutung Grütze, entrundet u>ü>i entsprechend ags. grytt, engl. grit (Grütze) aus ideur. +ghrēu (zerreiben, bröckelig machen, scharf über etwas reiben).

hotten (hottən – V.) = durch Anwärmen der Sauermilch den Käsestoff von der Molke scheiden. – Das nirgends belegte Wort entstammt einem ideur. +(s)kut (rütteln), hat sonst keine Gleichungen und muß unmittelbar aus dem Wurzelwort entstanden sein: die Klümpchen »rütteln« zusammen und drängen die wässerige Molke hinaus. Das geschieht ganz allmählich, weshalb gsp. hotten als Iterativ gedeutet werden mag. Das Wort muß unmittelbar aus vorgerm. +(s)kut durch germanische Lautverschiebung k>h hotten ergeben haben.

Knulle (knullən – F.) = birnenförmiges hölzernes Gerät aus einem Stück mit Verlängerung des verjüngten Teils zu einem etwa dreißig Zentimeter langen runden Stiel, mit dem in der Küche allerlei eingerührt werden kann. – Die Namendeutung macht erhebliche Schwierigkeiten, da das Wort erst aufsteigt als mhd. knolle (Knolle, Klumpen). Mhd. knüllen (erschlagen; schlagen) verweist auf die urzeitliche Verwendung dieses Geräts, denn diesem mhd. knüllen muß ein unbelegtes +knulle zugrundeliegen. Dazu gehört *vor* Lautverschiebung r>l mhd. knorre, knurre (Knoten, Auswuchs an Bäumen, Steinen usw.) und dieses *vor* weiterer Lautverschiebung s>r mhd. knussen, knüssen, ahd. chnussan, knusen (stoßen, schlagen; quetschen, kneten), im Germanischen ags. cnyssan (zusammendrücken, quetschen, zerquetschen), und abermals *vor* Lautverschiebung t>s mhd. knote, knutte, ahd. knoto, knodo, im Germanischen ags. (cnotta, an. knūtr (Knoten), in der Urbedeutung noch heute russ. knut (Knute) als Bezeichnung eines Werkzeugs mit verdicktem Ende zum Verprügeln.

Labetopf (leawədiͤpfən – N.) = hoher Tontopf mit zwei Henkeln. Urzeitlich ist in dem zweihenkeligen Labedöpfen wohl das Getreide, sind Hülsenfrüchte aufbewahrt worden. Sie erreichten bereits zu Beginn der Jüngeren Steinzeit vor rund sechstausend Jahren die Höhe von fast einem Meter; sie waren teils schlank, teils jedoch auch bauchig. – Das nirgends belegte Wort ist nichtgerm.-ideur. aus ideur. +(s)labh (fassen, nehmen) entsprechend nur. gr. labē̆ (Henkel, Griff). Ein Labedöpfen ist also ein urzeitliches Henkeldöpfen. Im Baltischen ist lit. lãbas, lõbis (Besitz, Gut, Reichtum, Schatz), lobýnas (Schatzkammer), lett. labĩba (Getreide, Korn).

Mandel (manəl – F.) = fünfzehn Stück, das heißt dreimal eine Handvoll, bei Käse sechzehn Stück. – Dem Wort Mandel liegt mlat. mandala zugrunde. Da in unserem Arbeitsraum das inlautende »d« fehlt, jedoch in der Vogtei Dorla ein starker falisko-italischer Zuzug um etwa 1200 vZtr. aus dem heutigen Hannover/Westfalen angenommen werden muß, ist unmittelbar Zusammenhang mit lat. manuālis (mit der Hand gefaßt) zu erwägen.

Matte (måttən – F.) = zu Klümpchen zusammengeronnene Kaseïnteilchen und Fetttröpfchen der angewärmten Sauermilch ohne die Molke. Aus ihr werden alle Käsesorten bereitet. – *Mattenpresse* (måttənpraß – F.) = scherzhaft kleiner einsitziger Handschlitten für Kinder. – Die Etymologen stellen das Wort zu Matte (Decke aus Binsen, Stroh usw.), das als phönikisch-punisches Lehnwort erkannt wurde. Dabei wird jedoch übersehen, daß lautverschoben tt>ts das Wort gr. +matsa (máza = zu Käse geronnene Milch) und abermals lautverschoben tt>ts>ss lat. massa (zu Käse geronnene Milch; erst davon bildlich übertragen auf Metalle, Marmor, Chaos) ergeben hat aus ideur. +mat(h) (kauen, beißen) in der Bedeutung »Speise, Nahrung«. Das gibt einen Hinweis auf die Bedeutung der Matte in der viehzüchterisch-ackerbaulichen Vergangenheit unserer Ahnen: neben Milch scheint Matte und die daraus gewonnenen Erzeugnisse der Hauptbestandteil des Zubrots gewesen zu sein. Zugleich erkennen wir aus der gegebenen Zusammenstellung, daß es sich um ein Wort handelt, das noch gleicherweise urtümlich in Westthüringen gilt, etwas jünger im Griechischen und noch jünger im Lateinischen auftaucht, der Ausgangspunkt also Mitteldeutschland gewesen ist. Wenn in Ostthüringen gsp. måts gilt entsprechend gr. +matsa, dann wird abermals der gleiche Laut- und Bedeutungsrhythmus in Mitteldeutschland und in Griechenland erkennbar.

melken – siehe »Tiere auf dem Bauernhof« Seite 38.

Molke (můləkən – F.) = das sich beim Anwärmen der Sauermilch abscheidende Wasser, das nur verfüttert werden kann, hier und da aber auch statt der Buttermilch als Heilmittel gegen alle Arten von Halsschmerzen getrunken wird. Früher wurde Molke vielfach erneut mit Lab versetzt, um sie nochmals zusammen mit Kuhmilch zum Gerinnen zu bringen. Das Mittel galt vor allen gegen Schwindsucht. – Das Wort ist belegt mhd. molken, mulken, im Althochdeutschen nicht nachgewiesen, jedoch as. molken und im Germanischen ags. molcen. Da außerdeutsche Belege nicht gegeben sind, stellen die Etymologen das Wort zu melken und sehen in ihm »das Gemolkene«. Es wird aber keinen einzigen Bauern geben, der Kühe nicht sofort aussondert, wenn sie statt der guten Milch Molke in den Melkeimer fließen lassen. Nach gr. orós (Molke, Käsewasser; wässerige Flüssigkeit) ist die Grundbedeutung »laufen, fließen«. Ihm entspricht ideur. +mur (fließen), dazu lat. muria (Salzlake), skr. mūrchati (gerinnt, erstarrt). So wird auch verständlich mnd.mnl. molken (Käsewasser), ahd. kāsiwaz̧z̧ar (Molke). Die Molke ist also das beim Käsebereiten »Abfließende, Wegfließende« nach Lautverschiebung r>l aus einer nichtgerm. Grundsprache aufgestiegen.

Rahm (ruəm – M.) = fette Absonderung der saueren Milch, Sahne in saueren (früher) oder süßem (vielfach heute) Zustand. – Das Wort ist nur belegt mhd. (milch-)roum, mnd. rōm(e), nl. room, im German. ags. rēam, isl. rjōmi. Die Etymologen stellen das Wort als urverwandt zu awest. roayna (Butter) mpers. npers. rōyan (›ausgelassene‹ Butter). Vgl. jedoch gr. páchos (Rahm, dicker Brei) aus ideur. +bhag (fest, stark sein). Deshalb wenden wir uns zu ideur. +qru (hart sein oder machen; gerinnen) und finden mit m-Erweiterung ein germanisch verschobenes k>h nichtbelegtes +hrum, daraus mitteldeutsch gsp. ruəm, das dem Wurzelwort lautlich am nächsten steht.

Ramselbutter (råmsəlbůttər – F.) = Bärenlauchbutter. – Das mhd. ahd. nicht belegte Wort findet sich mnd. ramese, ags. hramse, hramesa. Im Nichtgermanischen sind belegt lit. kermùšė (wilder Knoblauch), russ. čeremša, poln. trzemucha (Bärenlauch), gr. krémnon, kròmnon (Zwiebelart), ir. crem (Knoblauch).

reif (riff – Adj.) = in Ausformung und Wachstum abgeschlossen, so daß die Ernte erfolgen kann. »s korn ës riff, dås kůnn mə obbgəmåx = das Korn ist reif, das können wir abmachen (abgemache!)«, mähen oder schneiden. – Das Wort ist belegt mhd. rīfe, ahd. rīfi, as. rīpi und im Germanischen ags. rīpe (reif), dazu ags. ripan (ernten), norw. ripa (pflücken). Die Etymologen möchten das Wort aus ideur. +rei (ritzen, reißen) entwickeln. Richtiger ist wohl ideur. +u̯rip (drehen) in Anlehnung an gt. gavrisqan (Frucht bringen), das zwar auf das menschliche Leben bezogen ist, aber grundsätzlich doch das gleiche meint.

rühren (riͤrən –V.) – Das Wort ist belegt mhd. rüeren, ahd. hruoren, im Germanischen as. hrōrian, ags. hrœren, an. hrōra (in Bewegung setzen). – Die Etymologie bringt das Wort mit »mischen, kochen und braten« in Verbindung. Da offensichtlich urzeitlich das Stampfen (der Getreidekörner zu Brei) und Stoßen den Ausgangspunkt des Wortes gegeben hat, dürfte eher damit zu vergleichen sein gr. kroỳō (stampfen, stoßen, rühren) und Zubehör, lit. krùšti (zerstampfen, zerstoßen) und Zubehör aus ideur. +krus (stoßen), denn das rühren ist ja tatsächlich ein stampfendes oder stoßendes Bewegen. Die Lautverschiebung s>r ist nichtgermanisch, die Lautverschiebung k>h jedoch germanisch.

Schmand (schmånd – M.) = Milchrahm, Sahne. – Das allerdings nur selten verwendete Wort wird von Weigand als entlehnt aus westslaw. Sprachen angenommen, während Kluge/Mitzka nichtnasalierten Ursprung entwickeln. Richtig dürfte unmittelbarer Ursprung aus ideur. (s)mald (weich sein, zerreiben) sein nach erfolgter Verschiebung l>n.

schotten (schottən – V.) = das Hackern, Flockigwerden angesäuerter Milch beim Eingießen in den Kaffee. »də mëləch hät siͤch gəschott = die Milch hat sich geschottet«. Das mhd. schotte, ahd. scotto belegte Wort bezeichnet in anderen Landschaften des deutschen Sprachgebiets den wässrigen

Rückstand der nochmals gekochten und mit Milchessig versetzten Molke, in Schwaben und Bayern und Österreich sogar die Matte. Infolgedessen vermag die Sprachwissenschaft das Wort nicht zu etymologisieren. Gehen wir von Mitteldeutschland aus, dann ist gsp. schottən unmittelbar nach nichtgerm.-ideur. Lautverschiebung k>s aus ideur. +(s)kut (rütteln) entstanden.

seihen (saiən – V.) = Flüssigkeit durch ein Sieb laufen lassen. – *Seihlappen* (sailåppən – M.) = Seihtuch aus Leinen. – Das Wort ist belegt mhd. sīhen, ahd. sīhan, im Germanischen ags. sīon, an. sīa. Es entstammt einem ideur. +seiq, +siq (fließen lassen, ausgießen) nach Germ. Lautverschiebung k>h, weshalb nhd. seigen keinesfalls einen grammatischen Wechsel darstellt, sondern unmittelbar aus ideur. +seiq nach Verschiebung k>g entstanden ist, ebenso ist nhd. seichen (harnen) unmittelbar aus ideur. +seiq durch germ. Verschiebung k>ch entstanden.

stoßen (štuəßən – V.) = sauere Milch durch Anwärmen zum Absetzen von Kaseïnteilchen und Fettklümpchen von der Molke, zum Ausscheiden des wässerigen Bestandteils bringen. – *aufstoßen* (ůffštuəßən – V.) = der eigentlich gebrauchte Ausdruck des Ausscheidens der Molke. »häst an də sūrə mëləch schůn ůffgəštuəßən = hast (du) denn die sauere Milch schon aufgestoßen?« – Das in dieser Bedeutung nirgends belegte Wort meint deutlich »Sauermilch kondens« machen, also verdicken, verdichten. Damit kommen wir zu lit. stìngti (gerinnen, dick und dicht werden, stocken), stingíena (Gallert, Geronnenes) und Zubehör aus ideur. +stu (dicht machen, stopfen, stoßen), die baltischen Belege nasaliert, die deutschen nichtnasaliert.

strepfeln (štrepfəln – V.) = abstreifen. »kůmm, štrepfəl də kånnsbear obb = komm, strepfele die Johannisbeeren ab!« – *strepfeln* (štrepfəln –V.) = zwischen den Fingern stark herausdrückend ziehen, etwa bei Beendigung des Melkens. »štrepfəl nuər nåx ënn bi̊ßchən, bis ållə mëləch rūs ës = strepfele nur noch ein bißchen, bis alle Milch heraus ist!« – Diese Iterativform zu »streifen« verfolgt die Etymologie über die deutsch-germ. Belege rückwärts, aber nicht ins Indoeuropäische, weil eine ihr unbekannte nichtgerm. Lautverschiebung g>b bereits im Indoeuropäischen vor sich gegangen ist: ideur. +streig/ +streib/ +streb (streichen, streifen). Ins Germanische aufgestiegen, entwickelt sich gesetzmäßig ags. bestrīepan (engl. strip), norw. ströypa und im Deutschen ahd. stroufen, mhd. ströufen (abstreifen, berauben, plündern), striefen (streifen), dazu die Intensivbildung mhd. strupfen (streifen, abrupfen), zu dem unser Wort als Iterativbildung gehört.

Weck (wĕkk – M.) = kastenförmiges Stück Butter. – Das Wort ist belegt mhd. wecke, ahd. wecki (keilförmiges Gebäck) und im Germanischen ags. wecg, an. veggr (Keil). Die Etymologie vergleicht mit lit. vàgis (Haken,, Zapfen, Keil, Pflock), was germanischen Ursprung bedeuten würde. In Wirklichkeit ist mit lit. vekiùoti (schlagen, prügeln) zu vergleichen, Kurzform zu lit. veĩkti (ausführen, arbeiten, machen, tun) wegen des klatschenden Formens, aus ideur. u̯ic, u̯ik (kämpfen, streiten; schaffen). Das Wort ist nichtgermanischen Ursprungs.

Das Kochen

Auf Grund der Bodenfunde können wir feststellen, daß in unsern Breiten das Kochen schon seit acht- bis zehntausend Jahren üblich gewesen sein muß – denn die sogenannte Binsenkeramik der Mittleren Steinzeit, die zwischen etwa 8000 und 4000 vZtr. anzusetzen ist, kann keinem anderen Zweck gedient haben. Topfähnliche aus Binsen geflochtene Körbchen waren mit Pech oder Ton ausgeschmiert, wurden mit Wasser gefüllt und mit glühend gemachten Steinen zum Kochen gebracht. Die seit Beginn der Jüngeren Steinzeit um 4000 vZtr. vor sechstausend Jahren, die noch etwa zweitausend Jahre älteren spitzbodigen Töpfe der Maglemosekultur des Mesolithikums, waren sicher wenigstens teilweise nichts anderes als Kochtöpfe. Derartige Tontöpfe waren auch noch bis zum Beginn des zwanzigsten Jahrhunderts in der bäuerlichen Küche in Gebrauch, wenn sie auch vielfach durch eiserne abgelöst worden waren. Emailtöpfe fanden nur zögernd Eingang, weil absplitternde Stückchen gesundheitsschädigend werden konnten – leichter dann die Aluminiumtöpfe.

Sehr umfangreich war das Küchengerät allerdings wohl nicht, aber das war ja früher allenthalben nicht anders. Eiserne Töpfe wurden schlicht als »důpf« bezeichnet, Tontöpfe jedoch als »dīpfən« und kleine als »dīpfchən«. Der einhenkelige Tontopf wie ebenso die einhenkelige Pfanne waren das Räps, die zweihenkelige Pfanne dagegen die Jütte. Ein großer zweihenkeliger Topf zur Aufbewahrung von Hotzeln, Apfelschnitzeln, früher wohl Getreide, ist der Labetopf. Hat das Dipfchen einen Ausguß, dann ist dies die Schnale, die Schnepfe oder die Zeide – letztere Bezeichnung entlehnt von der Zeide des zum Buttern verwendeten Labedipfens, und diese wieder vom Zeideltopf des Bienenzüchters.

Zur Suppe gehörte von Urzeiten her die »schiͤssəl = Schüssel«, für einen kalten Nachtisch der »åsch = Asch«. Und selbstverständlich war die Kelle erforderlich, seitdem nicht mehr gemeinsam aus der Schüssel gegessen wurde, um die Suppe »ůffschäpfən = aufschöpfen« zu können. Dazu gehörten dann auch die Teller, bis zum Ende des neunzehnten Jahrhunderts aus Ton mit schöner Bauernmalerei, mit dem »läffəln = Löffeln«, früher aus Holz.

Solange es in jedem größeren Haushalt noch den Trinkenstaan gab, fehlte auch die »schlaifkånn = Schleifkanne« mit den »bītschən = Bietschen« genannten Kumpen/Humpen nicht. Um Pflanzen-Sud (Tee) oder Britsch (Kaffee) trinken zu können, wurde nach Ausweis der Bodenfunde schon in der jüngeren Steinzeit ein tassenähnlicher Napf verwendet, nach Einführung von Schwarzem Tee und Bohnenkaffee stattdessen Obertasse mit Untertasse (so ist noch heute die allgemeine Bezeichnung).

Statt Gabeln wurden bis ins siebzehnte Jahrhundert weitgehend die Finger verwendet, und nur die Spiele (eine einzinkige Gabel) ist wohl schon urzeitlich in Gebrauch gewesen. Messer dagegen besaß jeder Hausgenosse, das zeitweilig in einer Scheide an der Seite getragen wurde. Ist ein Messer unhandlich, dann wird es als Knift, ein besonders großes Messer als Knuft bezeichnet. Ein stumpfes Messer jedoch wird mit einer Riete verglichen: »štůmpf wī ënnə rītən = stumpf wie eine Riete«. Von ihm wird gesagt, mit ihm könne man ein Brot nur rungsen, und »ůff dān kånn mə bis Drasdən gərīt = auf dem kann man bis Dresden reiten (gereite!)«, weil bis 1815 zu Sachsen gehörend. In Oberdorla ist es »en stumpfer Gigger«.

Bevor die gemauerten Küchenherde eine Platte mit Ringen bekamen, flackerte in der Küche das offene Feuer mit einem geglätteten Stein in der Mitte, auf dem gebacken werden konnte, und hing an Ketten von der Decke herab der Wasserkessel. Auf dem dreifüßigen Trebbs aber wurden die Töpfe über das Feuer gestellt.

Zur Tätigkeit des Kochens standen der Hausfrau früher durchweg Geräte aus Holz zur Verfügung: Quirle mancher Art, Rührlöffel, Stampfer, Butterknulle, Schnitzbrett. Die Faanse war aus gebranntem Ton und wurde erst seit der Mitte des neunzehnten Jahrhunderts durch das noch heute gebräuchliche

Reibeisen ersetzt. Statt Siebe wurden früher wohl durchweg die sogenannten Seihlappen verwendet, und seit wann der Durchschlag eingeführt worden ist, kann nicht mehr festgestellt werden.

Außer den im Herbst sich häufenden, im übrigen Jahr seltenen Fleischspeisen sind wohl meistens nur Suppen bereitet worden. Daran erinnert noch die Aussage »vůn nīn sůppən ënnə waichə = von neun Suppen eine weiche«, wenn vom Grad der weitläufigen Verwandtschaft gesprochen wird.

Eine gute Köchin wird die Suppe immer wieder »obbschmëkkən = abschmecken«, also kosten, damit sie nicht zu scharf oder »līsə = leise«, zu lasch oder gar latschig, also nicht gut im Geschmack ist. Fehlt Gewürz, dann ist die labberig, und es muß noch ein linschen dieses oder jenes Gewürzes, vielleicht auch ein malchen Salz hinzugetan werden. Auch wird sie darauf achten, daß nicht allzu scharfes Feuer gehalten wird, das Wasser im Kessel oder Topf bullert, ein Brudel die Küche füllt oder alles Wasser verkocht und ein Däum in der Küche schwebbelt. Ebenso soll sie nichts überkochen lassen, so daß es brennerning (in Oberdorla: brangjt) riecht. Aber genauso wenig soll sie Wasser verquatschen, so daß eine Flutsche durch die Küche läuft.

Von einer guten Hausfrau wird selbstverständlich auch erwartet, daß sie nichts verdummeniert, also umkommen läßt. Nur darf sie ihre Sparsamkeit nicht bis zum Geiz treiben, etwas verwenden wollen, was bereits michzening riecht oder schmeckt, pelzig oder kaum noch verwertbar ist. Und daß man ihr beim Zerdibbern von Tongeschirr nicht ständig »brox, Hånnə! « zurufen muß, das ist eigentlich selbstverständlich.

Kommt das Mittagessen auf den Tisch, dann soll es die richtige Wärme haben und nicht etwa nur »läuwəl^{e}ch = laulich« sein. Bei den Hülsenfrüchten, die bis zum Anbau der Kartoffel nach 1770 außerordentlich häufig vorgesetzt wurden, bestand stets die Gefahr des priədən Geschmacks, der durch geriebene oder feingeschnibbelte Möhren behoben werden konnte. Am beliebtesten, weil am kräftigsten, waren früher die Gemüsesuppen des Sommers und des Herbstes, zumal wenn ein ordentlicher Flatsch Fleisch sich in der Schüssel befand. War das Durcheinander jedoch unappetitlich, dann wurde es mißbilligend als »gəštēr = Gestöre« bezeichnet, wohl weil jeder in ihm herumstörte oder -stocherte und nur ungern davon essen mochte. Eine Steigerung des Mißbilligens lag in dem Ausdruck »ënnə martən = eine Märte«.

Brei gehörte noch zu Beginn des zwanzigsten Jahrhunderts zu den beliebten Mittagessen, zumal wenn gebräunte Butter darübergegossen worden war. Vor dem Kartoffelanbau gab es Brei auch aus Hülsenfrüchten, und das konnte eine Pamps, ein Stampf und schließlich gar ein Pfrumpf sein. Ist der Mehlbrei wie Kleister, dann wird er zum Pamps, der nur mit Widerwillen gegessen wird.

Es ist merkwürdig, daß sich nur wenige Sprichwörter, Redensarten, Rätsel und Verse erhalten haben, die sich auf das Kochen beziehen. In Flarchheim ist das zu einem Pfänderspiel gehörende Verschen bekannt:

rıͤr ıͤm, rıͤr ıͤm: *Rühre um, rühre um:*
dr breï brënnt oan!   *der Brei brennt an!*
schēt wåssər droan…   *Schütte Wasser dran…*
hāl fëst… loß giə!   *Halte fest… lasse gehen!*

Dabei sitzen die Spieler um einen Tisch und singen die drei ersten Verse. Bei dem nun gesprochenen »hāl fëst« muß die Tischplatte sofort mit Daumen oben, gekrümmten Zeigefinger unten gefaßt werden. Bei dem mit mehr oder weniger Verzögerung gesprochenen »loß giə! « ist entsprechend loszulassen. Wer einen Augenblick zu spät kommt, muß ein Pfand geben.

Erst seit etwa 1770 werden Kartoffeln zur menschlichen Ernährung verwendet. Zuvor nahmen Hülsenfrüchte ihre Stelle ein. Von Linsen heißt es trotz der besseren Züchtungen noch heute

Lıͤnsən, deï dıͤnsən,   *Linsen, die dinsen, (ziehen im Magen)*
deï hıͤpfən in dıͤpfən,   *die hüpfen im Topf,*
deï koχən vıͤr Woχən –   *die kochen vier Wochen –*
sin hårt wī də Knoχən.   *sind hart wie die Knochen.*

Deshalb wurde früher das Kochwasser stets aus fließendem Wasser geschöpft.

Eintöpfe aus Hülsenfrüchten, die fast zu den täglichen Mahlzeiten gehörten, wurden allgemein als Geköcheltes (gəkechəltəs N.) bezeichnet, weshalb man auch sagen konnte »ıͤch hān gəkəchəltəs gəkocht = ich habe Geköcheltes gekocht«. Die Zubereitungsart entspricht weitgehend der allgemein üblichen, nur wurden die Eintöpfe meistens mit reichlich ausgelassenen Speckgrieben geschmälzt, denn Speck hatte jede Bauernfrau stets bei der Hand, während Fleisch ja erst eingekauft werden mußte und deshalb selten auf den Tisch kam. Den Linsensuppen wurden meistens noch einige Pflaumenhotzeln, Majoran und gebratene Buntwurstreste (Blutwurst) beigefügt. Die Tatsache, daß zwar Linsensuppe (oder Bohnen-, Erbsensuppe) gekocht worden war, man aber nur von Linsen (Bohnen, Erbsen) sprach, zeugt von der Häufigkeit dieser Gerichte vor Bekanntwerden der Kartoffeln.

Noch bis zum Anfang des neunzehnten Jahrhunderts war es in einigen Familien üblich, des Morgens den mit den Eintöpfen gefüllten Tontopf ins Gemeindebackhaus zu tragen, wo er vom Bäcker nach dem letzten »Geback« eingeschossen wurde. Die verbliebene Ofenwärme genügte, um ein gleichmäßiges und ununterbrochenes Kochen zu gewährleisten. Später kam bei uns die mit glühendem Koks angefüllte Grude dafür in Gebrauch, was ein warmes, wohltuendes Abendessen besonders nach anstrengender Tagesfeldarbeit sicherstellte.

Es kann nicht Aufgabe sein, alle nur möglichen Kochvorschriften wiederzugeben, die in jedem guten Kochbuch zu finden sind. Es werden hier nur diejenigen teilweise recht alten, vielfach aus nahrungsmittelarmer Zeit stammenden Rezepte festgehalten, die anderwärts unbekannt sind. Eierspeisen mit der Bezeichnung -kuchen sind aufgenommen worden, wenn sie zu den Mittagsmahlzeiten gehören. Die Reihenfolge geht nach dem Abc.

Biermärte (Biͤrmartən – F.) = Bierkaltschale aus Schwarzbier, früher Einfaches Bier genannt, mit Rübensaft und eingebrocktem Bauernbrot. Birnensaft erhöht den Wohlgeschmack. Ärmere Dorfbewohner kannten früher nur die aus Trinken (Leichtbier) bereitete Trinkensuppe.

Diebchen (dībchən – F.) Gericht aus mit dem Eßlöffel von einem Teig aus Semmelkrumen, etwas Mehl und Hirschornsalz abgestochenen und in heißer Brühe aus gekochten halbierten Zwetschen oder Birnen gegarten Kößchen. Es wird mit ausgelassenen Speckgrieben und einer Prise Zucker abgeschmeckt. Diese Zwetschen- oder Birnendiebchen waren ein beliebtes Sonntagsessen. Seltener werden mit (gerösteten) Wurstwürfeln gefüllte Kartoffeldiebchen gegessen, die in einer Rahm- oder Musbrühe gegart werden.

Fuschen. Leicht angekochte und mit Dill eingesäuerte lockere Weißkrautköpfe kommen in ein stark eingefettes Räps, darauf wird in Scheiben geschnittenes Rauchfleisch gelegt. Gegen 11 Uhr sind die am frühen Morgen ins Backhaus getragenen Fuschen gar. Mit Salzkartoffeln sind sie ein schmackhaftes Mittagessen, von dem es hieß:

iͤch liͤßə Rīs ůn	*Ich ließe Reis und*
Reïndflaisch štiə	*Rindfleisch stehen*
ůn eßə Fuschən!	*und äße Fuschen!*

Dabei war auf den Dörfern lange Zeit Reis mit Rindfleisch geradezu ein Festtagsessen. Vgl. »Bäuerliche Tätigkeiten« Seite 159.

Geköcheltes (gəkechəltəs – N.) = gekochte Hülsenfrüchte. Diese Bezeichnung weist darauf hin, daß einstmals Hülsenfrüchte die tägliche Mahlzeit darstellt. Das kann auch noch aus ahd. cochmuas, chohmōs (gekochtes Essen), mhd. koch (Brei) vermutet werden. Deshalb ist es auch möglich, zu sagen »i̊ch hån kechəls gəkocht = ich habe Geköcheltes gekocht«. Scherzhaft wird dann oft ohne Veranlassung gesagt »jedəs bənchən gät ënn dēnchən = jedes Böhnchen gibt ein Tönchen« … oder auch »li̊nsən de/i di̊nsən = Linsen, die dinsen«, wühlen und ziehen in den Gedärmen.

Gescheet. Muldenfleisch, Kesselfleisch beim häuslichen Schweineschlachten. Der Name erinnert an jene Zeit, als noch jedem Gast ein besonderes Tischchen vorgesetzt und das Kochfleisch (als Hauptgericht) daraufgeschüttet, später im buchstäblichen Sinne des Wortes die »Tafel aufgehoben« und fortgetragen wurde. Als große Tische mit starken Bohlen als Tischplatte aufkamen, wurden vielfach Vertiefungen zur Aufnahme des »Gescheets (Geschütteten)« anstelle von Schüsseln eingearbeitet.

Geschmink – siehe Kartoffelgeschmink und Räpskuchen (Milchgeschmink), eine Art Auflauf.

Kartoffelgeschmink bei dem kleine Äpfel oder Birnen, dazu Zwiebeln, Knoblauch, Kümmel, Salz mit etwas Wasser in einer stark ausgefetteten Kasserolle geschichtet werden, obenauf für jeden Esser eine tüchtige Speckscheibe. Eine andere Art verwendet statt der Speckscheiben Schöpsenfleisch und gibt oben darauf in Flocken zerteiltes Schöpsenfett. Nach dem Schweineschlachten werden wohl auch zwischen die Kartoffeln geschobene Schweinerippen verwendet und statt des Wassers Fleischbrühe. Kartoffelgeschmink war früher gleich nach der Ernte ein beliebtes Sonntagsessen. Es wurde gegen sieben Uhr ins Gemeindebackhaus getragen. Der Gottesdienst dauerte von 9.30 Uhr bis gegen 11.00 Uhr. Sobald das Vaterunser gesprochen wurde, »stimmte« einer der Schuljungen, das heißt, er schlug siebenmal die große Glocke an. Das war für den Bäcker das Zeichen, die Pfannen aus dem Backofen herauszuziehen. Dieses Kartoffelgeschmink hatte auf der Oberfläche besonders knusprig gebackene Kartoffel- und Speckscheiben. Die wurden dann von den männlichen Kirchenbesuchern in ihrem Sonntagsfrack mit dem üblichen Zylinder, das Gesangbuch unter dem Arm, nach Hause getragen, ständig von lieblichen Düften umweht.

Kirschpfanne. In eine gut mit Fett ausgestrichene Kasserolle wird eine Schicht geräucherte Bratwurst gelegt, darüber kommen Kirschen ohne Stiele und zu Eiweiß geschlagene gestockte Eier, denen etwas Mehl beigemischt wird. Mit einer Prise Salz wird sie in der Backröhre gebacken.

Klumpersuppe. Mit unregelmäßigen kleinen Teigstücken in Milch gekochte Suppe, verfeinert durch in kleinste Stücke zerschnittenes mageres Schweinefleisch.

Muldenfleisch, in der Vogtei Dorla »Kesselfleisch«, in anderen Gegenden Wellfleisch genannt. Es ist nicht nur die damit gemeinte Schweinefleischsorte, sondern ein vollgültiges Mittagessen, das es in »echter« Form nur zum häuslichen Schweineschlachten geben kann. Als Vorsuppe gibt es Fleischbrühe mit einem eingerührten Ei und sauerem Rahm, mit Muskatnuß gewürzt, und eingeschnittenen Semmelscheiben.

Zur Hauptmahlzeit gehören in Scheiben geschnittenes Muldenfleisch und ein Schmitz Leber, sowie Kartoffelrahm und mit Rahm, Essig und Salz angemachtem Weißkrautsalat. Als Beigabe, nicht als Nachtisch, gibt es aufgekochte Zwetschenhotzeln (Dörrpflaumen).

Ölkartoffeln. In einem Schaffen oder einer flachen Pfanne werden Zwiebeln in Bucheckernöl braun geröstet, dann mit sauerem Rahm und etwas Salz zu einer sämigen Tunke angerührt. Dazu werden Pellkartoffeln gegessen.

Rabanchensuppe. Innereien der Wiederkäuer Schaf, Ziege, Rind werden in einer aus Rübensaft oder Mus bestehenden Brühe, in die auch Rosinen kommen können, weichgekocht. Dazu kommen einfache Mehlklößchen hinzu, gewürzt wird mit Salz und Nelken. Eine etwas jüngere Kochart verwendet Kartoffelsuppe als Grundlage, zu der Zwiebeln und Hotzeln (Dörrpflaumen), sowie ein Schuß Essig kommen.

Räpskuchen ist ein als Sonntagsessen beliebtes Milchgeschmink, das im Räps zubereitet wird. Das wird gut eingefettet, mit gekochten Birnen oder mit Kirschen zu einem guten Drittel angefüllt, darüber kommen Scheiben mit in Milch und Eiern eingeweichtem Weißbrot- oder Brötchenscheiben, die dann goldgelb überbacken werden. Heute geschieht das in der Backröhre des eigenen Herds, früher wurde es wie das Kartoffelgeschmink im Gemeindebackhaus gebacken und von den männlichen Kirchenbesuchern heimgetragen. In manchen Familien wurde statt des Obstes ein Täubchen, in der Vogtei Dorla auch Brat- oder Blutwurst verwendet.

Rebbelerchen. Mehl, zwei Eier, Milch, etwas Salz werden ziemlich trocken zusammengerührt, bis kleine Teigstückchen von selbst abfallen. In einer aus vielen Zwiebeln, Kümmel, etwas Salz, kleingeschnittenem mageren Fleisch bestehenden Suppe werden die Räbbelerchen solange gekocht, bis sie zu schwimmen beginnen. In Rind-, Hammel- oder Pökelfleischbrühe mit Zwiebeln und reichlich Kümmel werden klumpige »spätzelartige« Nudeln gekocht.

Sauer (sūr). Suppe aus Innereien von Schaf oder Ziege, seltener Kuh, mit Salz, Piment, Lorbeerblatt und zerschnittenen Zwiebeln abgestimmt. Ist das Fleisch weich, dann werden mehrere Löffel sauerer Rahm, Eier, ein Schuß Essig, etwas geriebene Muskatnuß zu einer Tunke zusammengerührt und diese übergegossen. Zuletzt kommen in Scheiben geschnittene altbackene Semmeln oder Brötchen dazu. Die jüngere Suppenart verwendet statt der Semmeln in kleine Stücke geschnittene Kartoffeln und noch mehr Zwiebeln.

Schibberchen. Kartoffeln werden sauber gewaschen und dann der Länge nach durchgeschnitten, so daß zwei flache Hälften entstehen. Sie werden in der Ofenröhre unmittelbar auf die Eisenplatte oder auch gegen die Röhrenwände gelegt und nach dem Braunbacken umgewendet. Herausgenommen, werden sie heiß mit Schmierkäse (Quark) gegessen, ohne daß die Schale entfernt worden wäre.

Schwarzpfeffer. Entweder gequirltes Schweinblut gleich nach dem häuslichen Schweineschlachten, oder auch Gänseblut ohne irgendwelche Klümpchen wird mit geriebenen Pfefferkuchen, kleingeschnittenen Zwiebeln und Hotzeln (Dörrpflaumen), anderwärts Rosinen, zu einer Suppe gekocht. Hinzu kommen Kopffleisch vom Schwein oder Gänseklein, Zucker und ein Schuß Essig, so daß ein süßsauerer Geschmack entsteht. Es ist dies angeblich die Blutsuppe der Spartaner.

Stich und Zöpferechen. Urtümliches Mittagessen, denn es muß aus einer Zeit stammen, als Fleischwurst zumindest in dünnen Schweindärmen noch nicht üblich war. Diese dünnen Därme werden ausgewaschen, aber nicht vom Schleim befreit, und zu Zöpfchen zusammengeflochten. Hinzu kommen das um den »Stich« befindliche süßliche Fleisch, die knorpeligen Teile der Ohren, des Rüssels, der Gurgel. Alles zusammen wird in einer Brühe aus geriebenem Pfefferkuchen mit Apfel oder Mus oder auch Hotzeln (Dörrpflaumen) und einer Prise Salz gekocht.

Asch (åsch – M.) = flacher Napf. – Das Wort ist belegt mhd. asch (Schüssel, Becken), mnd. asch (Dose, Gefäß), ahd. asc (Schüssel, Becken), im Germanischen schwed. ask (Schachtel) aus an. askr (Gefäß; kleines Schiff). Da die Esche in den sprachlichen Nebenformen mhd. asch, ahd. as. dän. schwed. ask, ags. œse (engl. ash), an. askr heißt und im Indoeuropäischen lautgleich urslav. +asceni, schließt die Sprachwissenschaft wohl richtig, daß der Asch früher aus Eschenholz geschnitzt wurde, so daß der Napf im Gegensatz zu den Tongefäßen die Bezeichnung »der Eschene (der aus Esche)« erhielt.

Bietsche (bītschən – F.) = etwa bierseidelgroßes Gefäß aus Holz, das vor allem zum Biertrinken verwendet wurde. – *bietschen* (bītschən –V.) = mit Wohlbehagen trinken, besonders Bier oder Wein. »s hån ënn orndlᵉichən gəbītscht = sie haben einen ordentlichen gebietscht! – Die Sprachwissenschaft behauptet mit Kluge/Mitzka: »Den germ. Sprachen fehlt jede ererbte Spur der idg. Wurzel +pō(i): +pi ›trinken‹«. Siehe jedoch »Sind wir Germanen? « Seite 62.

Diebchen (dībchən – N.) = bäuerliches Nationalgericht. Bildlich wird nicht ordentlich durchgebackener Obstkuchen mit Diebchen verglichen. Und auch toniges bei Nässe mit Körnern bestelltes Land »ës wī dībchən = ist wie Diebchen«. Beide bildhaft gebrauchten Ausdrücke verweisen auf die Zeit, da Diebchen noch nicht mit Semmelkrumen gelockert wurden, so daß sie knetig und schleifig waren. Das aber war noch zu Beginn des zwanzigsten Jahrhunderts allgemein der Fall. – Ohne die von der Grundsprachenforschung vermittelten Erkenntnisse, würde man annehmen müssen, der Name wolle die Ähnlichkeit der mit dem Löffel abgestochenen Teigstückchen mit einem Täubchen wiedergeben, was jedoch allzu weit hergeholt sein würde. Das Wort ist weder im Deutschen noch im Germanischen belegt. Gehen wir bis in die »Wurzelperiode des Indoeuropäischen« zurück, dann treffen wir auf ideur. +dhigh (formen, bilden) als der Grundlage unseres Wortes Teig, das nach nichtgerm.-ideur. Lautverschiebung g>b ein ideur. +dhibh (kneten) ergeben mußte. Da das Nichtgermanische bestrebt ist, stets genau das Gemeinte zu bezeichnen, mußte dem gebackenen ideur. +dhig der g>b lautverschobene Teig als ideur. +dhibh gegenübergestellt werden.

discheln (dischəln –V.) = tunken. »dischəl də Brōtfånn ūs = dischele die Bratpfanne aus!«. Ist irgendwo Wasser beschüttet worden, dann wird es mit einem Lappen »ůffgədischəlt = aufgedischelt«. Dagegen werden ein noch nicht stubenreiner Hund oder eine Katze mit der Nase in ihren Unrat genischelt (von »Nase«), und wo dafür heute »gedischelt« gesagt wird, da liegt eine erst neuzeitliche Begriffsvermischung vor. – *Dischel* (dischəl – M.). Das weder im Deutschen noch vorhergehenden Germanischen belegte Wort gehört unmittelbar zu ideur. +dhigh (formen, bilden), daraus das unerklärbare lit. tižti (glitschig, schlüpferig werden; dünnflüssig usw.), tìžinti (matschig machen, aufweichen) und Zubehör. Das Wort ist unerklärbar, weil nichtzusammengehörende Wörter wegen ihrer Lautgleichkeit oder -ähnlichkeit über »den gleichen Leisten geschlagen« werden. Bemerkenswert ist die Tatsache, daß sowohl in den baltischen Sprachen als auch im mitteldeutschen nichtgerm.-ideur. gh als ž, sch erscheint.

Faanse (fānsən –F.) = Reibeisen, Reibstein des Tischlers. – Das Wort ist weder im Deutschen noch vorhergehenden Germanischen belegt. Auch die außerdeutschen ideur. Sprachen bieten keinen unmittelbaren Beleg. Jedoch ideur. +pal, +pol (zu Mehl zerreiben) ist der Ausgangspunkt unseres Grundsprachenwortes. Als die Windmühle erfunden wurde, erhielt der Pāl/Fāl der noch immer in Gebrauch befindlichen Handmühle durch Anhängen der Verkleinerungssilbe -se den neuen Namen Pālse/Fālse. Und als kurz nach der Zeitenwende mit Errichtung des römischen Limes das Wort lat. pālus als germ. pāl (Pfahl) entlehnt wurde, wich die Grundsprache in der nichtgerm.-ideur. Lautverschiebungsreihe (t>s>r>)l>n aus auf das bis heute geltende Paanse/Faanse.

Flatsch – großes Stück, siehe »Bäuerliche Tätigkeiten« Seite 158.

Geschmink (gəschmiͤnk –N.) = möglichst im Backhaus zu backendes Pfannengericht. In Westthüringen sind zwei Arten bekannt, das Kartoffelgeschmink oder der Dischel oder Räpskuchen (Milchgeschmink). Das weder im Deutschen noch Germanischen belegte Wort kann nicht zu Schminke, schminken aus ideur. +smig, +sme(i)g (schmieren) gestellt werden. Es ist vielmehr ein nichtgerm. Wort aus ideur. +(s)meik, +(s)mik (mischen, umrühren) mit der germ.-deutschen Vorsetzpartikel gt. ga-, ahd. ga, gi-, ge- mit dem Begriff des Gesellschaftlichen und des Zusammenfassens. Das heißt: ein Geschmink ist ein Zusammenfassen verschiedener Bestandteile entsprechend lit. mìnkyti (weiche Masse kneten, durcharbeiten, anrühren usw.), mìnklė (Teig) und Zubehör neben nichtnasalierten Belegen.

Geschnerche – eßbare Eingeweide, siehe »Bäuerliche Tätigkeiten« Seite 57.

Gestöre (gəštēr – N.) = Durcheinander, Mischmasch. »wås ës n dås ferr ënn iəkliͤjəs gəštēr = was ist denn das für ein ekliges Gestöre« heißt es, wenn etwa das Mittagessen unappetitlich angerichtet ist. – *stören* (štērən –V.) = stochern im Bienenkorb, im Hamsterloch, im Wasser unter den Baumwurzeln (wegen der dort vermuteten Fische oder Krebse). Auch im Kochtopf oder in der Suppenterrine kann herumgestört werden. »štēr niͤch iͤmmər in diͤpfən riͤm = störe nicht immer im Dipfen herum! – Das Wort ist belegt mhd. stürn (bewegen, stören), stœren, ahd. stōran, stōrren und im Germanischen nur ags. styrian (bewegen, stören). Von der Etymologie wird es zur Bedeutung »Sturm« gestellt, aber die Grundbedeutung ist offensichtlich »rühren, quirlen«, weshalb auf ideur. +twer (rühren, quirlen) geschlossen werden muß. Das ist zu vermuten aus gr. torȳnē (Rührkelle, Quirl), tyrbázoma (sich durcheinanderdrängen) und Zubehör.

Jicker (jikkər – M.) = schlechtschneidendes Messer. – Es ist die Vogteier verschliffene (nicht lautverschobene) Lautform zu Gikker.

Jütte (jittən – F.) zweihenkeliges, pfannenähnliches Tongefäß, das ausschließlich zum Backen von Süßkuchen (aus Gerstenmalz), den es nur zum Nisteltag am 22. Februar gibt, oder zum Anwärmen von Hafer zu Heilzwecken verwendet wird, in der übrigen Zeit jedoch ungenutzt in einem Vorratsraum steht. Das Wort kann nur zu gr. chýtros (irdener Topf; Topffest als ernstes Totenfest) aus gr. chýto (ausgießen, opfern), skr. hutás (geopfert, gegossen) gestellt werden.

Kelle – siehe »Mit unserer Sprache« Seiten 155 f.

Kloß (kluəß – M.) = Masse, rundlicher Klumpen. – Die Grundbedeutung ist »Klumpen«, dazu mhd. ahd. klōȥ (Klumpen, Knolle), mnd. klōt, klūte, mnl. kloot (Kugel, Ball). Die von Kluge/Mitzka hierher gestellte Bedeutung »Keil« hat nichts mit einem Kloß zu tun, wohl aber ist russ. glùda (Klumpen, Kloß) die vorgerm. Wortform. Zugrunde liegt ideur. +gel (›sich‹ ballen, Gerundetes, Kugeliges). Das Wort ist germanisch, wenn auch unbelegt.

Klumpen (klůmpən – M.) = ungeformte Masse. »dar hät ënn klůmpən Gaild = der hat einen Klumpen Geld«, hat viel Geld. – *Klumpersuppe* (klůmpərsůppən – F.). – *Klümpchen* (kli̊ͤmpərchən – Plur.) = viele kleine unregelmäßige Stückchen. – Die Etymologen nehmen Entlehnung aus dem Niederdeutschen an. Hermann Paul hält das Wort für mittel- und niederdeutsch. Zum erstenmal belegt ist es 1410.

Knuft (knuft – M.) = Messer mit schlechter Schärfe, das wenig oder überhaupt nicht schneidet. – *Knieft* (knīft – M.) = kleines geringwertiges Messer ohne Schärfe. Die Kleinheit des Geräts wird durch Entrundung u>ü>i dargestellt. – Das Wort ist belegt nhd. Kneif (Messer des Schuhmachers, aber auch des Gärtners), frühmhd. kneiff, mnd. knīp, knīf. Im Germanischen ist ags. cnīf (um 1000) aus an. knīfr entlehnt. Die Etymologie vergleicht mit lit. gnýbti (kneifen), dazu auch lit. žnýbti (mit dem Schnabel beißen: kneifen) und Zubehör, hat jedoch unbeachtet gelassen, daß beide Wortfamilien lautverschoben k>g sind aus lett. knīpêt (kneifen, zwicken) und Zubehör, dieses aus ideur. +qnēi, +qnō, +qnī (stechen, kratzen, schaben). Das Wort ist demnach vorgermanisch. In seiner herabsetzenden Bezeichnung geht es offensichtlich auf das Steinmesser zurück, den Feuersteinabspliß, der durch Randdengelung geschärft wurde und mehr zum Schaben und Kratzen als zum Schneiden verwendet werden konnte. Brot konnte mit diesem Messer nicht geschnitten, sondern nur gerungst werden. Siehe »Sind wir Germanen?« Seiten 121f.

Kumpf (kůmf – M.) = Topf, Napf, Gefäß. – Das mhd. kumpf (Napf, Gefäß, Wetzsteinbehälter) belegte Wort, im Germ. ags. cumb (Gefäß zum Getreidemessen) vergleicht die Etymologie mit dem germanischen Humpen (großes weites Trinkgeschirr). Kumpf ist dagegen nichtgerm. unmittelbar aus ideur.

+qumb(h) (wölben, biegen) entsprechend gr. kýmbē (Topf), skr. kumbhás (Topf, Krug).

labberig = fade, siehe »Bäuerliche Tätigkeiten« Seite 167.

Lappen (låppən – M.) = Innereien der Ziegen, Schafe, Kühe, soweit sie zur Suppe »Sauer« und ähnlichem verwendet werden. Besonders heißt der kleingeschnittene Magen Lappen, weshalb ganz besonders die Ramssacksuppe als Lappensuppe bezeichnet wird. Es muß hinzugefügt werden, daß lat. lapárē (Weichen, Dünnen) den hohlen Teil zwischen Rippen und Hüften benannte.

Lewinzchen (Rapünzchen) – siehe »Lebensfeste« Seite 102.

linschen (liͤns/chən – Zahlw.) = bißchen, wenig. »gëbb miͤch nåx ënn liͤnschən māl = gib mir (mich!) noch ein lins/chen, bißchen Mehl«, »wort nåx ënn liͤns/chən = warte noch ein linschen«, bißchen. »iͤch bënn nåx ënn liͤnschən dōgəblëmmən = ich bin noch ein linschen dageblieben«. – Es ist wohl unmöglich, den Ausdruck mit irgendeinem anderen Wort als der Hülsenfrucht Linse in Verbindung zu bringen. Da wir jedoch wissen, daß unter Solon das griechische Getreidemaß Choinix (1,094 Liter) dem Wert einer Drachme gleichgesetzt wurde und als Grundlage der Währung galt, dürfen wir wohl in »einem Linschen« das kleinste urzeitliche Mengenmaß zu sehen haben, das schließlich bildlich auf die Zeit übertragen wurde.

Löffel (läffəl – M.) = ursprünglich aus Holz gearbeitetes Schöpfgerät mit langem Stiel. – Das Wort ist belegt mhd. leffel, ahd. leffil, as. lepil, nd.nl. lepel, fehlt aber in anderen indoeuropäischen Sprachen. Unser Gemeindeutsch hat das »e« zu »ö« verbösert, was eine Deutung erschwert. Kaspar Stieler hat 1691 noch die Schreibung Leffel. Das gsp. läffəl führt auf »a« als Ausgangslaut. Die Etymologie verwechselt das Eßgerät mit dem menschlichen Tun und setzt deshalb die Wurzel germ. +lap (trinken, lecken) an. Geht man auf gr. mystilē (ausgehöhlte und statt des Löffels gebrauchte Brotrinde) zurück, dann kommt man zur Grundbedeutung »aushöhlen« zu ideur. +lep (abschälen) entsprechend gr. lístron (Löffel), hat also ein nur auf deutschen Boden entwickeltes nichtgermanisches Wort.

malchen (mālchən –Adv.) = bißchen, wenig, eine Kleinigkeit. »hůll əmōl ënn mālchən sālz = hole einmal ein malchen, bißchen Salz«. »häst n ënn mālchən zīt = hast (du) denn ein malchen, bißchen Zeit? « – Das nirgends belegte Wort ist nichtgerm. zu ideur. +(s)mel (geringfügig, klein sein), das im Germanisch-Deutschen zur Bedeutung »schmal« geführt hat. In den baltischen Sprachen entspricht ihm lit. malkas, lett. màlks (Schluck), das jedoch keinerlei Zusammenhang mit »Milch« hat. Alle übrigen von Ernst Fraenkel vermuteten Zusammenhänge sind unhaltbar. Ohne die mitteldeutschen Grundsprachen ist vielfach auch das Baltische unerklärbar.

Märte (martən – F.) = nur noch enthalten in der früheren Bierkaltschale »Biermärte«. Wenn in der Getreidemahd ein kühles Lüftchen wehte, dann wurde sie regelmäßig als »s ōrmən månnəs bi̊ͤrmartən = des armen Mannes Biermärte« bezeichnet, weil der »arme Mann« nur Trinkensuppe aß, das war Dünnbier mit Birnen- oder Rübensaft und eingebrocktem Schwarzbrot. – Das Wort hat sich aus der Klostersprache bis heute erhalten, wo es entsprechend lat. merenda das Vesperbrot, die Zwischenmahlzeit zwischen Mittag- und Abendbrot bezeichnete. Es wurde entlehnt als ahd. merāta, merōd, mered, daraus mhd. merāte, mer(ō)t, merōd. Die bodenständige Bezeichnung war Sumbrot … Marte in der Bedeutung »Mischmasch«, maren (im Schmutz herumwühlen) usw. gehören nicht hierher.

michzenig – schimmelig riechend, siehe »Sind wir Germanen? « Seite 102.

Napf (nåpf – M.) = Becher, Trinkgeschirr. – Das Wort ist belegt mhd. napf, ahd. (h)napf, as. hnapp und im Germanischen ags. hnœpp, an. hnapper (Becher, Schale) und wird durchweg als verwandt mit Humpen bezeichnet. Lutz Mackensen möchte ein nicht-ideur. Wort in ihm erkennen. In Wirklichkeit ist es wohl aus zwei nichtgerm. Wörtern zusammengeflossen, die belegt sind in gr. skaphos (Napf, Schale, Becken) und gr. lopas (Napf, Schale, Schüssel), welches Wort nach Lautverschiebung l>n etwa +nopas ergeben hätte.

Pamps (påmps – M.) = übermäßig dicke Suppe. – Die Vermutung Weigand's, das Wort sei lautmalend, trifft nicht zu, denn wir begegnen lit. pam̃pti (aufschwellen, sich aufblähen, sich aufdunsen), lett. pampulis (etwas Aufgedunsenes, Dickes), pámpt (schwellen, aufdunsen) und großes Zubehör. Es liegt demnach ein nichtgerm. Wort vor.

pelzig (pëlzj – Adj.) = holzig. – Zu diesem Adjektiv sagt Hermann Paul: »... in dem Sinne ›rauh für das Gefühl‹ gebraucht«. Da er das Wort jedoch zu Pelz (Haarfell) stellt, muß diese Aussage als falsch bezeichnet werden. Ähnliche Zusammenhänge sieht Weigand, fügt jedoch klarer hinzu »pelzicht, pelzig, adj., 1691 bei Stieler pelzicht, 1678 b. Krämer pelzig ›holzig‹«. In Wirklichkeit hat das Wort nicht das geringste mit dem »Pelz« zu tun. Um zu einer Klärung zu kommen, untersuchen wir das Griechische und finden dort gr. hachylos (pelzig, von Früchten), das zu gr. hachnē (Spreu) gehört. Im Baltischen steht dafür lit. pēlūs (Spreu), lett. pęlus, apreuß. pelwo (Spreu, Kaff) und Zubehör, lit. pelaĩnis (minderwertig, schlecht), plènìs (dünnes Häutchen, Membrane). Tatsächlich besteht ja ein pelziges Radieschen usw. aus einer Fülle membranartiger Häutchen. Zugrunde liegt ideur. +(s)p(h)el (spalten, absplittern, abreißen), so daß nichtgerm.Ursprung gesichert ist. Daß dies tatsächlich der Fall ist, geht aus der Tatsache hervor, daß nach germ. Lautverschiebung p>f daraus gt. filleins (ledern) wurde.

Pfrumpf – dicke Suppe, siehe »Lebensfeste« Seite 38.

Rabanchen (råbånəchən – Plur.) = Eingeweide der Wiederkäuer (die Eingeweide der Schweine heißen ›üsschnead = Ausschnitt‹). – Das nirgends belegte Wort scheint alt zu sein. Es kann nur bezogen werden auf skr. rabh (umfassen, das die Eingeweide umfassende Knochenwerk, Bauch). Noch heute bezeichnen wir mit »Bauch« sowohl das äußere Erscheinungsbild als auch sein Inneres. Die eßbaren Eingeweide werden auch als »Lappen« bezeichnet.

Ramssack (råmssåkk – M.) = Pansenmagen der Wiederkäuer, der vierfünftel des Wiederkäuermagens einnimmt. – Das nirgends belegte Wort hat die Bedeutung »Raum, geräumig«, mhd. ahd. as. ags. an. gt. rūm (Raum, Lagerstätte). Tatsächlich ist der Pansen oder Ramssack die »Lagerstätte« des Futters, bevor es wiedergekäut wird. Dazu nhd. geräumig, mhd. (ge)rūm, ahd. rūmi und im Germanischen ags. rūm, an. rūmr, gt. rūms. Die mitteldeutsche Grundsprache hat zur besseren Unterscheidung des Raumbegriffs den Ablaut u>a geschaffen. Die Bezeichnungen Ramskopf (Pferd) und Ramsnase (Schafbock) gehören nicht in diesem Zusammenhang.

Ramsel (råmsəl – M.) = Bärenlauch, aber nicht die ebenfalls so genannte Gattung Polygala L.

Rebbelerchen (rebbələrchən – N.) = Suppe aus zerriebenen Teigstückchen. – Das Wort ist Iterativ zu »reiben«, das lautgleich in gr. trībō (reiben, scheuern) vorliegt. Darf t-Ausfall angenommen werden, dann wäre das nur unzureichend etymologisierte Wort vorgerm. Ursprungs.

Räps (rëps – N.) = einhenkeliger Tontopf. – *altes Räps* (āləs rëps – N.) = in abfälligem Sinne Bezeichnung einer törichten, dummen und ungeschickten Frau. – *Räpskuchen* (rëpskůxən –M.) = Milchgeschmink. – Der nirgends belegte Topfname hat die Bedeutung »das Fassende« oder auch »das Umfassende«. Als Nebenform ist das bisher nicht etymologisierbare mhd. hirnrëbe, ahd. rëba (Hirnschale, das Gehirn umfassende Knochenbildung) belegt. Im Nichtgermanischen, unserer Grundsprache nächstverwandten Baltischen ist belegt lit. rëpti (›zusammen‹raffen, umfassen, umschließen). Wenn nicht alles täuscht, haben wir im Räps den urzeitlichen Sammeltopf vor uns, durch dessen Henkel ein Riemen gezogen wurde, um beide Hände frei haben zu können. Das Räps wurde entweder am Leibgurt oder in einem Schulterriemen getragen. Siehe »Sind wir Germanen? « Seite 249.

Riete – ein Messer ist »stumpf wie eine Riete«, wie der Schaber am Pflug. – siehe »Bauer als Ackermann« Seite 76 f.

Ringerchen (rı̊ggərchən – N.) = Rändchen, nämlich beim Räpskuchen die oberen braungebackenen Semmelscheiben, beim Kartoffelgeschmink ebenfalls die braungebackenen Kartoffelscheiben. Das Wort gehört zu Rinde.

rungsen – rupfend schneiden, siehe »Sind wir Germanen? « Seite 122.

Sauer (sūr –N.) = Mittagessen aus Innereien. Kluge/Mitzka erklären, der Wortbegriff gehe »vom käsig gerinnenden, schleimignassen Widrigkeiten« aus. Da jedoch zu keiner Zeit derartiger Schmutz genossen worden sein kann, ist eher auf gr. oxýs (sauer, herb; bitter… scharf, spitz) aus +oksus zu verweisen, zumal eine Nebenfamilie das »sauere Aufstoßen«, aber auch »Essig, säuerliches Getränk; Krätzer« entwickelt hat.

Schaffen (schåffən – M.) = eiserner Tiegel, Bratpfanne. Nur aus Erzählungen ist noch bekannt, daß der Schaffen früher aus Ton gebrannt war. – Im Gegensatz zum Schaff, das aus Holz hergestellt ist mit der Grundbedeutung »schnitzend gestalten«, ist das Wort Schaffen unmittelbar aus ideur. +skabh (schaben, kratzen) entwickelt entsprechend gr. skaphis, skaphos (Napf, Schale, Becken). Im Griechischen gilt die Verschiebung bh>ph, im nichtgerm. bh>f, im Germanischen jedoch bh>b, weshalb das Wort nichtgerm. sein muß.

Schlawenderchen = Kartoffelpuffer. – Dieses neue Wort zu etymologisieren, erweist sich als unmöglich, es sei denn mit abg. Slověne (Slave). Das würde bedeuten, daß in der Vogtei Dorla von auswärts gekommene Mägde diese Backart mitgebracht hätten.

Schleifkanne (schlaifkånn – F.) = etwa achtzig Zentimeter hohe Holzkanne mit Deckel, die mit zwei oder drei Metallreifen zusammengehalten wird und zwei Tragehenkel besitzt. Verwendet wird sie nur für Bier. – Nach der Volksmeinung rührt die Bezeichnung daher, daß ein Mann die Schleifkanne nicht zu tragen vermag und sie deshalb von zwei geschleppt oder geschleift werden muß. Es ist eher an unmittelbare Weiterentwicklung aus ideur. +(s) leib (ausgießen, netzen) zu denken entsprechend gr. leibō (als Trankopfer ausgießen, spenden usw.). Die Schleifkanne könnte dann die vorchristliche Opferkanne gewesen sein, die bei Trankopfer verwendet wurde.

Schnale (schnålən – F.) = Ausguß oder Schnepfe eines Topfes, einer Kanne. – Das Wort gehört zu mhd. snal (rasche, schnellende Bewegung), dieses zur Bedeutung »schnell«, das bisher nur unzureichend etymologisierbar ist. Es ist eines der wenigen unerklärbaren Wörter, obgleich schnalen (Wasserlassen kleiner Jungen) zum täglichen Wortschatz gehört.

Schnepfe (schnapfən – F.) = Ausguß eines Milchtopfes, einer Kanne. – Das Wort ist belegt mhd. snēpfe, ahd. snäepfa, as. sneppa, im Germanischen mengl. snīpe, an. snīpa zur Grundbedeutung »Schnabel«. Dazu im Baltischen lit. snāpas (Schnabel ›der Vögel‹, Tülle, Kannenausguß), snapēlis (dasselbe) aus ideur. +qnēi, +qnō (›zer‹beißen, schaben, kratzen). Siehe »Mit unserer Sprache« Seite 37 f.

schöpfen – siehe »Mit unserer Sprache« Seiten 155 f.

Schüssel – siehe »Sind wir Germanen?« Seite 122 f.

Spiele – Rundholz, siehe »Bauer als Ackermann« Seite 170.

Stampf (štampf – M.) = dicke Suppe. – *Stampfer* (štampfər – M.) = Werkzeug zur Sauerkrautbereitung oder zum Wegebau. Der früher zu jedem Bauernhaus gehörende Mörser hat ebenfalls einen Stampfer, der jedoch als »štiəßəl = Stößel« (im Gegensatz zum Stößer des Hacktrogs) bezeichnet wird.

Schüssel (schiͤssəl – F.) = rundes oder langrundes Geschirr aus Porzellan, Ton usw., um Suppe oder auch nur Wasser oder andere Flüssigkeiten aufzunehmen. – *Kuchenschüssel* (kůχənschiͤssəl – F.) = wagenradgroßes hölzernes Kuchenbrett mit einem Holzgriff, der aus dem längeren Mittelbrett herausgearbeitet wurde: ihr glich wohl der germanische Tisch, auf dem Brot und Fleisch aufgehäuft (ůffgəschott = aufgeschüttet) wurde, um auf einem kleinen Gestell vorgesetzt zu werden, so daß also jeder Esser vor einem eigenen Tische saß. Auf der Kuchen›schüssel‹ wird heute der lose (ůffgəgiͤnnə = aufgegangene) Teig mit der Kuchenrolle, dem gsp. wiͤlləjərhåilze (Wilgerholze), anderwärts Nudel- oder Mangelholz genannt, gsp. ůffgəwiͤlləjərt (aufgewilgert), breit ausgewalzt; darauf wird das eingefettete Kuchenblech aufgelegt. Nun wird beides umgeschwenkt, so daß die Kuchenschüssel obenauf liegt und abgenommen werden kann. Auf dem Blech wird nun der Teig endgültig fertiggemacht und dieses anschließend ins Gemeindebackhaus getragen. Ist der Kuchen gar und nach Hause gebracht worden, dann wird er zum Abkühlen und weiteren Verbleib auf die Kuchenschüssel »geschossen«: »häst an dn kūχən schůn obgəschossən = hast (du) denn den Kuchen schon abgeschossen?« vom Kuchenblech auf die hölzerne Kuchen»schüssel« geschoben. *schüsseln* (schussəln –V.) = von einem höheren Standort, etwa einem Wandbrett, herunterfallen (bezieht sich nur auf Töpfe usw.): påß ůff, glich schussəlt ds můsdiͤpfən rŭnger = passe auf, gleich schüsselt der Mustopf herunter!« – Zuvor muß festgestellt werden, daß es Schüsseln gemäß der Spatenforschung bereits seit Beginn der Jüngeren Steinzeit vor etwa sechstausend Jahren gegeben hat, also auch eine entsprechende Bezeichnung vorhanden gewesen sein muß. Wäre tatsächlich im sechsten Jahrhundert volkslat. scutula (kleine flache Schüssel), scutella (Trinkschale) als ein

Modewort ins Germanischen eingedrungen, dann müßte es entweder auf ein fast gleiches gestoßen sein oder ein anderes verdrängt haben. Da diese volkslateinischen Wörter jedoch auf lat. scūtum (lederner Schild) zurückgeführt werden sollen, besteht überhaupt keine sprachliche Verbindung zu nhd. Schüssel, mhd. schüzzel(e), ahd. scuzzila, as. scutala und im Germanischen ags. scutel (Schüssel), an. skutill (kleiner Tisch, Tischblatt). Absichtlich sind eingangs Schüssel, Kuchenschüssel und schusseln nebeneinander gestellt worden, weil sie einwandfrei beweisen, daß dieses Wort zur Grundbedeutung »schütten« aus ideur. +skūt (rütteln) gehört und also bodenständig ist…auch wenn es die Lautverschiebung tt>ss durchlaufen hat, während sie in mhd. schüt(t)en, ahd. skutten (schütteln, erschüttern), as. skuddian (mit Schwung ausgießen) ausgeblieben ist. Die Kuchenschüssel ist ein Brett, auf das der Kuchen »geschossen« oder »geschüttet (Scheetkuchen!)« wird; entsprechend ist eine Schüssel ein Napf oder eine Schale zum »Einschütten« von Speisen, Getränken oder auch nur Flüssigkeiten. Sollten aber zusätzlich die volkslateinischen Belege als Modewörter eingedrungen sein, dann würde abermals ein nur »scheinbares« Lehnwort vorliegen.

Topf (důpf – M.) = jede Topfart mit Ausnahme des Tontopfs, vielfach noch heute mit dem erklärbaren Beiwort issərnər důpf, emålləjədůpf, ålləmīnjůmdůpf, oder auch Kox-, Wåssər-, Kåffē-, Schäpfdůpf. – *Dipfen* (diͤpfən –.) = nur der aus gebranntem Ton ist ein Dipfen. – *Dipfen* (diͤpfən – N.) = Schimpfname, jedoch nur eine Frau bezeichnend: āləs diͤpfən, důmməs diͤpfən, åləwernəs (albernes) diͤpfən. – *Dipfchen* (diͤpfchən – N.) = kleiner Topf, etwa ein Milchtöpfen. – *Dipfchen* (diͤpfchən – N.) = in Beziehung zu einem Mädchen gebraucht, das bei kränklichem Aussehen »wī ënn diͤpfchən vůll mīsə = wie ein Dipfchen voll Miese« ist, wobei dieses »Miese« nicht auf Mäuse zielt, sondern auf einen erforderlichen Mischtrank entsprechend lit. mišinȳs (Mischung, Gemisch), lett. misêt (mischen) und ebenso lett. izmist (verzagen, den Mut sinken lassen) – *zerdippern* (zərdiͤppərn –V.) = Tontöpfe zerschlagen, Scherben machen. Derartige Scherben werden nicht weggeworfen, sondern bis zu einer dörflichen Hochzeit aufgehoben, um am Polterabend beiden Brautleuten gegen die Haustore, seltener die Haustüren geworfen zu werden, um ihnen auf diese Weise Glück zu wünschen. Wem keine Scherben vors Haus geworfen werden, der gilt als wenig geachtet oder abgelehnt. Die Scherben müssen noch in der Nacht von beiden Brautleuten zusammen selbst weggefegt werden. – *Topfbank* (diͤpfənbånk – N.) = Abstellbrett oder auch ein aus zwei Brettern bestehendes Regal mit vorgesetzten Haltestäben. – Das Wort ist erstmalig im Glossar der Hildegard von Bingen als »dupfen« belegt. Von den Etymologen wird es zum Stamm germ.+dupf (vertiefen, einsenken) gestellt, was sich jedoch bei Vergleich mit dem ablautenden gr. táphos (Aschenurne) zu gr. tháptō (beerdigen, bestatten) aus ideur. +dhubh (das Eingetiefte, Eingesenkte) als falsch erweist. In den baltischen Sprachen ist lit. dubuo (Napf, Schüssel, Becken) zwar eine Neubildung, doch geht sie auf lit. dùbinti (vertiefen, aushöhlen) und damit ebenfalls auf ideur. +dhubh zurück. Der Werdegang des Tontopfes ist genau umgekehrt, wie er aus dem Ansatz der Etymologie geschlossen werden müßte. Die urzeitliche Hausfrau und Verfertigerin der Tontöpfe (deshalb werden nur Frauen mit »altes Dipfen« usw. beschimpft) arbeitete von untenher, indem sie (vor Erfindung der Töpferscheibe) einen Tonwulst nach dem andern auflegte, bis sie am oberen Topfrand halt machte. So entstand tatsächlich ein »Eingetieftes«, ein dhubh. Und nun ist bedeutsam, daß dieser Name »dhubh« bereits ins Vorgermanische entlehnt worden sein muß, um zum vorgerm. »dub«, germ. »tup« und schließlich lautverschoben zum ahd. »dupfen« zu werden. Damit ist zugleich bewiesen, daß bereits in der Jüngeren Steinzeit vor vier- bis sechstausend Jahren dieses Küchengerät »dhubh« genannt worden ist. – *Dipfenanger* (dി̊pfənångər – M.) = noch heute selbst in westthüringischen Städten scherzhafte Bezeichnung des Friedhofs. Da die Brandbestattung in Thüringen kaum ein Menschenalter lang üblich ist, muß sich diese Benennung aus der Zeit der Urnenfriedhöfe bis heute erhalten haben.

Trepps (trëpps –N.) = Dreifuß, ein etwa acht Zentimeter hohes eisernes Gestell, das noch zu Beginn des zwanzigsten Jahrhunderts in einigen Familien üblich war. Um Wasser rascher zu kochen, wurde es über das offene Herdfeuer gestellt, darauf der Wassertopf. Kaffee-Wasserkessel mit angenieteten drei Füßen waren in Westthüringen noch zur gleichen Zeit im Gebrauch. Für das Trepps war besonders kurzgeschnittenes Brennholz erforderlich. In der Tischlerwerkstatt war, wenn ein Stück Nutzholz nicht mehr verwendbar war, zu hören: »schmiß s wagg, s gëtt nuər nåx listən ůngər s trëpps = schmeiße es weg, es gibt nur noch (Brau)Leisten unter das Trepps«. – Wer noch immer zweifeln sollte, daß die mitteldeutsche Grundsprache unmittelbare Verwandtschaft mit dem Altgriechischen (und dem Baltischen) aufweist, dem ist dieses Wort der ausschlaggebende Beweis. Denn gr. tripoys (dreifüßig, auf drei Füßen) ist zugleich das Wort für den dreifüßigen Kessel aus Bronze oder Eisen zum Kochen. Bei Wettkämpfen war er besonders beliebt als Kampf- und Ehrenpreis. Auf einem Tripus saß die Pythia von Delphi bei der Verkündigung ihrer Weissagungen. Den Germanen war der dreifüßige Kessel heilig, weshalb eine Gesandtschaft der Kimbern dem Kaiser Augustus (63 vZtr. bis 14 nZtr.) ihren heiligsten Weihekessel überbrachte und um Verzeihung für das etwa einhundert Jahre vorher dem römischen Volk angetane Unrecht und um seine Freundschaft bat. Ausgegangen sein muß diese Heiligung des Weihekessels von den heutigen Nichtgermanen in Mitteldeutschland, denn die Sitte kann ja spätestens durch die Dorer um 1250 vZtr. nach Griechenland getragen worden sein. Unser Wort Trepps ist nichts anderes als urzeitlich +trepus (Drei-Fuß). Während im Germanischen -plus zu -fuß sich wandelte, ist die Urform im mitteldeutschen Nichtgermanisch bis heute (wenn auch nicht mehr verstanden) erhalten geblieben, so daß eine Verkürzung +trepus/trepps schließlich Geltung erlangte. Dieses Festhalten an der urzeitlichen Lautform dürfte ganz besonders die Heiligung des Trepps/Dreifuß kennzeichnen. Dabei ist noch zu beachten, daß die Lautform des Zahlwortes drei in den unmittelbaren vorgerm.-ideur. Nachfolge-Sprachen gr. treis (lat. tres), alb. trē (trī), toch. trē (tri), im mitteldeutschen gsp. dreï lautet, im Baltischen die vorgerm.-ideur. Lautverschiebung p>k wirksam wurde zu lit. trikójis (Dreifuß).

Das Braten

Besonders im bäuerlichen Haushalt stehen Suppen hoch im Kurs, doch wäre es irrig anzunehmen, mit ihnen erschöpfe sich die Kochkunst der bäuerlichen Hausfrau. Im Sommer ist wegen der oft drängenden Arbeiten nicht selten der »Galoppschuster Küchenmeister« am Werk – aber sonntags hat es zu allen Zeiten ein besonders gutes Mittagessen gegeben, schon weil die Familie für die Entbehrungen der Woche entschädigt werden muß. Im übrigen galt noch zu Beginn des zwanzigsten Jahrhunderts der Grundsatz »Donnerstag ist Fleischtag! « … natürlich neben dem Sonntag.

Da unsere mitteldeutschen Wörter, die Eigenheiten beim Braten ausdrükken, Entsprechungen im griechischen wie im baltischen Wortgut haben, darf davon ausgegangen werden, daß das Braten im bäuerlichen Haushalt schon zur Zeit der »Wurzelperiode des Indoeuropäischen« üblich war und damit sehr viel länger als die Kulturwissenschaft annimmt. Das kann unmißverständlich dem Ausdruck entnommen werden »sə brewwəlt suə gărn = sie brebbelt so gern«, das heißt bratet mit ausgesprochener Freude an diesem Tun. Denn dieses Wort gsp. brewwəln ist Iterativ zu einem Wurzelwort, während das mehr städtische Wort bräpeln wesentlich zeitnäher ist und das Vogteier gsp. brebbəln sich erst daraus gebildet hat.

Noch zu Beginn des zwanzigsten Jahrhunderts herrschte vielfach die (tatsächlich berechtigte) Meinung, ein wirklich schmackhafter Braten sei einzig und allein in der tönernden Pfanne (im »Römertopf«) zu bereiten. In ihr brutzelt das Fleisch – besonders unter gutschließendem Deckel – wirklich in sich selbst. Das ist vor allem dann der Fall, wenn der Sonntagsbraten im Gemeindebackhaus in der vom Sonnabendbacken noch vorhandenen Backofenhitze einige Stunden lang brutzeln kann. In einem solchen Fall kommt es auch nie vor, daß ein Braten nur röschgar ist, was von der mitteldeutschen Landbevölkerung abgelehnt wird. Sie legt großen Wert auf eine »lange« Tunke, in der nach Möglichkeit zur Verbesserung des Geschmacks einige Brotrinden enthalten sein sollen, damit sie richtig sämig ist.

Besonderheiten an Braten kennt die mitteldeutsche Bäuerin nicht – schon weil ihr keine anderen Möglichkeiten mit Rind-, Schweine-, Schöpsen-, Gänse- oder Entenbraten zur Verfügung stehen als der städtischen Hausfrau…Blutbraten kennt wohl überhaupt nur die Bäuerin. Bei diesem auch auf den Dörfern seltenen Gericht wird beim Schlachten der Gänse und Enten das Blut in einem Topf, in dem ein wenig Essig zur Verhinderung des Gerinnens enthalten sein muß, aufgefangen und mit einem Quirl ständig umgerührt. In einer gut gefetteten Pfanne wird es dann mit etwas Salz und Pfeffer gebraten. Dazu wurde früher Hirsebrei oder auch Brot und Grüner Salat oder Rapünzchen, Brunnenkresse, heute meistens Kartoffelsalat dazu gegessen.

Die bedeutendste Bratenzeit ist natürlich – außer den hohen Festtagen – der Herbst, heute zusätzlich nochmals das zeitige Frühjahr, wenn für den Jahresbedarf das Schweineschlachten durchgeführt wird. Solange es auf den Dörfern keine Fleischereien gab, wurde vielfach ein Rind mitgeschlachtet, um es einzupökeln; aber Pökelfleisch ist für Braten nicht geeignet. Wird jedoch geschlachtet, dann werden nicht nur einige Bratwürste (Fleischwürste), sondern auch Lendenstücke, Koteletts, Gehacktes für die nächsten Wochen zurückgelegt – und dann wird wirklich »aus dem Vollen« gelebt; das verlangt allein schon die in den arbeitsreichen Wochen oft dürftige Kost. Aber gebraten wird kaum anders als im städtischen Haushalt.

Im Sommer begnügt sich der Bauer oft mit einem Sonntagshuhn aus dem eigenen Geflügelhof. Und an den Festtagen Ostern und Pfingsten wird in Verwandtenkreisen vielfach gemeinsam ein Schaf- oder Ziegenlamm geschlachtet.

bräpeln (brepəln –V.) = mit Vergnügen braten. – *brebbeln* (brebbəln –V.) = dasselbe. Es ist nach Lautverschiebung p>b Iterativ zu dem md. gemeindeutschen Wort bräpeln. – Das Wort präpeln ist nach Lautverschiebung t>p Iterativ zu braten.

brewweln (brůtsəln –V.).= mit Inbrunst braten. Siehe »Lebensfeste« Seite 169.

brutzeln (brůtsəln –V.) = langsam kochen oder (öfter) braten. Soll ein Braten brutzeln, dann ist dazu eine mit gut schließendem Deckel versehene tönerne Pfanne erforderlich, die (nicht auf offenem Feuer!) in der Ofenröhre oder besser im Backofen zum langsamen Kochen gebracht wird. – *Brutzeln, Brutzelei, Gebrutzel, Brutzel-Liese* in der mehrfach erarbeiteten und bekannten Bedeutung. – Das erstmals im sechzehnten Jahrhundert schriftsprachig gewordene Wort ist indoeur., wie gr. brássō (brodeln, kochen, sieden, wallen) entnommen werden kann, zu dem es a>u ablautet. Zu ›braten‹ steht es im Lautwandel t>s. Mit den Wörtern braten, bräpeln/brebbeln, brewweln gehört es zur Wurzel ideur. +bh(e)reu, +bh(e)ru (wallen, aufbrausen, gären).

röschgar (roschgoar – Adj.) = zwar knusprig gebraten aber doch nur halbgar, eigentlich zu rasch und deshalb nicht durchgebraten, innen noch blutig. Diese Art des Bratens ist in Mitteldeutschland unbeliebt. – Das Wort ist nicht gleichbedeutend mit nhd. rösch (lebhaft, frisch, heftig; spröde, scharf), wie Weigand annimmt. Da bei dieser Bratart das Fleischinnere blutig bleibt, muß die Grundbedeutung »verkrusten, verharschen« sein; das Wort ist also zu lat. crusta (Borke, Kruste usw.) zu stellen. Da jedoch gsp. rosch keine einzige Gleichung im Lateinischen gegenübersteht, ergibt sich 1. das Wort ist falisko-italisch und damit bodenständig, 2. das Wort Kruste ist nicht entlehnt aus dem Lateinischen, sondern nichtlautverschoben k>h ebenfalls falisko-italisch, 3. das Wort rösten (braten) ist die t-Erweiterung zur Wurzel ideur. +krus (hart werden).

sämig (sāmi̊ͤj – Adj.) = gedickt, vom dünnflüssigen in den fast schleimartigen Zustand übergegangen. Von einer guten Bratentunke erwartet man, daß sie nicht wässerig hell, sondern etwas trübe eingedickt ist. – Das bisher nicht etymologisierbare Wort wird von Hermann Paul und Weigand als niederdeutsche Nebenform zu seimig betrachtet, das ebenfalls nicht zufriedenstellend etymologisiert zu werden vermag. In Wirklichkeit liegt ein ideur. Wort vor aus ideur. +tū, +teu̯e (schwellen), dazu lit. tumêti (gerinnen, dickflüssig werden), patumêti (Flüssiges sich ein wenig verdicken), tumẽ (dick Zusammengekochtes, Dickflüssiges), lett. tumêt (schleimig, dick werden), tumîgs (dickflüssig), tume (Suppe aus Weizenmehl, Buttergrütze, sogenannte Grundsuppe). Da ahd. tumīg (verschmitzt, schlau, verschlagen) usw. danebenstand, wich die Grundsprache durch Lautverschiebung t>s und Vokalverschiebung u>a auf gsp. samig aus, woraus sich dann das verderbte nhd. sämig ergab.

Das Brotbacken

In den Unterhaltungen in unserem Dorf hat sich keine Erinnerung daran erhalten, daß in unserer Gegend jemals hauseigene Backöfen bestanden hätten. Stets wurde nur vom Gemeindebackhaus gesprochen. Wohl aber wurde von den Dörfern »hi̊ͤngərn håilzə = hinterm Holze (westlich des Hainichs)« manche Nachricht darüber mitgeteilt. Auch die Familie meines Oheims mütterlicherseits, in Freitagszella bei Mihla/Werra, besaß einen eigenen Backofen, an dem ich als Schuljunge mehrfach »mitgewirkt« habe.

Das Flarchheimer Gemeindebackhaus – ein anderes gibt es zum Unterschied von beispielsweise Oberdorla nicht – steht zusammen mit der Kirche und dem bis 1848 dazugehörenden Friedhof auf dem ehemaligen Heeg, dem Kultplatz der Jüngeren Steinzeit. Darf daraus geschlossen werden, daß es erst nach der Christianisierung, die in Thüringen nach 700 einsetzte, erbaut worden ist und die Bauernhöfe bis dahin auch eigene Backöfen besaßen, soweit nicht »auf einem Stein« des offenen Herdfeuers gebacken wurde? Allgemein wird angenommen, daß die Gemeindebackhäuser erst nach der Besiegung der Thüringer Könige von den Franken gegen 531 eingeführt worden sind.

»s Båkks = Das (Gemeinde)Backhaus« wurde bis zur jüngsten Vergangenheit alle sechs Jahre an den Meistbietenden verpachtet, der ganz selbstverständlich kein gelernter Bäcker, sondern ein Kleinbauer oder auch ein Flick-Handwerker war. Die benötigten »duərnswallən = Dornwellen« aus dem Walde bekam er verbilligt geliefert und die wurden oft unbeauftragt kostenlos von den Bauern aus dem Walde geholt und auf dem schmalen Backshof zwischen Haus und Kirchhof abgeladen. Während der Inflation zwischen 1920 und 1923 hat man die kostenlose Zufahrt vertraglich festgelegt. Nach der Backsordnung kostete am Anfang des zwanzigsten Jahrhunderts ein Brot zu backen drei, ein wagenradgroßer Kuchen fünf Pfennig. Außerdem war der Bäcker verpflichtet, das zum Backhaus gehörende Gerät bei Pachtende wieder abzuliefern. Eine weitere Verpflichtung bestand darin, den Matz zu halten, den Zuchteber des Dorfes, weil die reichlichen Teig- und Mehlabfälle dessen Ernährung erleichterten.

Früher hatte das Wort Brot eine umfassendere Bedeutung als heute, wie wir noch recht gut an den Bezeichnungen Morgen-, Mittag-, Drei(uhr)-, Nachtbrot (hier nie: Abendbrot) erkennen können. Es war damit alles Gekochte, Gebratene, Gebackene gemeint. Das Wort meint entsprechend »brauen« das Gegorene. Das ältere Wort für ungegorenes Brot ist Laib, noch enthalten in »Laib Brot«.

Wollte jemand in Flarchheim Brot backen, was allgemein bis 1960 geschehen ist, dann mußte es zwei Tage vor dem gewünschten Backtag im Backs bestellt werden. Backtage waren Dienstag, Freitag, Sonnabend. Am Tage vor dem Backen wurde nachgefragt »wånn båkk mə an = wann backen wir denn?« Dann erfolgte die Antwort »zům erschtən mōlə ůn in oa$_{x}$tə fång iͨch oan = zum ersten Mal und um acht (Uhr) fange ich an«. Danach richtete sich die Hausfrau mit ihrer Vorarbeit.

Am Abend, bei schlechtem Wetter auch schon am Morgen vor dem Backtag wurde ein Sack Roggenmehl in Ofennähe gestellt, um ihn anzuwärmen, auch Backtrog, Knetstuhl und Sauerteig wurden herangeholt. Dann konnte die Arbeit beginnen. Für sechs Brote wurde ein Viertelzentner Mehl in den Backtrog »gəseabt = gesiebt« und wegen der erforderlichen Temperatur gleichmäßig verteilt. Dann wurde in die Mitte des Mehls eine Vertiefung gedrückt und sie mit dem Sauerteig gefüllt. Das mußte dann mit wenig warmen Wasser »oangəmiərt = angemiert« werden, um festzustellen, ob der Sauerteig noch gut war. Es mußte ja befürchtet werden, daß seine Triebkraft durch längeres Stehen oder auch Erfrieren im Winter gelitten haben könnte. Würde mit gealtertem oder gefrorenem Sauerteig gleich die gesamte hinzugehörende Mehlmenge eingesäuert, dann würde möglicherweise die erforderliche Gärung ausbleiben, und das Brot würde schwallig werden oder einen Wasserstreifen bekommen. Im Sommer ist das nicht immer der Fall. Die angemierte Mehlmenge muß nun bis zwei Stunden in Ofennähe stehen, um festzustellen, »ab ha giͤtt = ob er geht«, also in Gärung übergegangen ist. ist das nicht geschehen, dann muß noch etwas guter Sauerteig ausgeliehen und hinzugetan werden. Hat die Gärung eingesetzt, dann wurde mit einer größeren Mehlmenge »oangəsīrt = angesäuert«, bis eine gleichmäßig weiche Masse entstanden war. Schließlich wurde etwas Mehl darüber gestäubt, mit der Hand leicht angepatscht und mit gewinkelter Hand drei Kreuze darauf gezeichnet, um Hexen den Zugang zu verwehren. Dann wurde ein Lattengestell, die Trogsperre, über den Trog gelegt und mit einem Tuch zugedeckt, auf das bei kaltem Wetter noch einige Decken oder Kissen kamen. Während der Nachtstunden ist der Teig »gəgurən = gegoren.«

Beginnt das erste »gəbåkk = Gebäck« des Morgens um acht Uhr, dann muß der Bäcker bereits gegen fünf Uhr zu »haißən = heizen« beginnen, und es ist nicht unbedeutend, daß gsp. haißən das Anheizen des Bäckers, gsp. haitsən jedoch das eigene Feuer im Stubenofen meint. Um die Hitze auszunutzen, wurde nach dem Brotbacken noch ein Geschoß Kuchen eingeschoben, am Freitag und Sonnabend meistens noch zwei, drei oder auch mehr. Dazwischen mußte dann entsprechend nachgeheizt werden, und die Hausfrau sieht dann am aufsteigenden Rauch, wann sie ihre Kuchen ins Backs tragen muß, denn »dr bäkk hät erscht ainmōl gəhaißt = der Bäcker hat erst einmal geheizt« oder auch »schůnt s zwaitəmōl = schon das zweitemal«. Diesem erneuten Anheizen folgten dann am Wochenende meistens zwei Geschosse mit »nassem« und ein weiteres Geschoß mit »trockenem« Kuchen, oft noch weitere.

Beim Brotbacken lief der Bäcker gleich nach Heizbeginn zu den Bestellern durchs ganze Dorf, klopfte mit einem Stock an die Fensterladen und später an die Fensterrahmen und sagte an: »knat = knete!« Es ist hochbedeutsam, daß in westthüringischen Sagen auch die Unterirdischen den Backbeginn ansagen. Als ein Bauer aus Horsmar »einmal auf dem Felde ackerte, stand vor ihm ein Wichtel und sprach: »Knete, knete!« »Knete auch für mich!« sprach der Bauer. Da brachte ihm am anderen Tage das Wichtelchen zwei Brote. Die gab er den Pferden, und er brauchte von nun an seinen Pferden kein Futter zu geben (Pflüger 1924, Seite 29). Als ein Bauer aus der

Wüstung Thüngerthal bei Oesterberingen einst seine Furchen über die frühere Backhausgasse zog, hörte er eine Stimme aus der Tiefe rufen: »Knete!« Der Bäcker von Thüngerthal sagt das Kneten des Brotes an, so dachte er und rief: »Backe mir auch ein Brot mit.« Als er nach der Mittagspause seinen Pflug wieder anspannen wollte, lag ein frischgebackenes Brötchen darauf (Pflüger 1925, Seite 467). Ein Bauer aus Kammerforst hörte beim Pflügen am roten Berge in der Erde ein dumpfes Gemurmel. Dazwischen rief eine Stimme: »Knetet euren Teig und bringt ihn ins Backhaus!« Der Wichtel... ging wahrscheinlich, wie die Bäckerjungen tun, weiter und rief in einen anderen Haushalt, denn nach kurzer Weile ließ sich dasselbe Klopfen hören. »Wenn da unten gebacken wird«, rief der Bauer, »so will ich mir ein tüchtiges Stück Kuchen bestellen!« Und als er später wieder ins Feld kam, da fand er auf seiner Pflugschar ein großes Stück Kuchen (Otto Busch: Nordwest-Thüringer Sagen. Mühlhausen/Th. 1925, Seite 45).

Vor dem Knetansagen nahm die Hausfrau Trogtuch und Trogsperre ab und begutachtete die Säuere. War sie nicht »gegangen« oder doch zu wenig, das heißt hatte das Treibmittel Sauerteig nicht genügend gewirkt, dann hieß es: »də sīr ës zə dārb = die Säuere ist zu derb«. Dann wurde aus der Nachbarschaft rasch noch etwas Sauerteig ausgeliehen und untergemischt und der Trog gleichzeitig näher an die Wärme gerückt und erneut zugedeckt. War sie zu »luəsə = lose«, dann mußte der Trog etwas vom Ofen weggezogen werden, und außerdem nahm sich die Hausfrau vor, später im Backhaus den Teig kräftiger durchzuwirken.

Nach dem Knetansagen wurde endgültig der Trog aufgedeckt und das Mehl nach und nach mit der Säuere und warmen Wasser tüchtig durchgeknetet, was solange fortzusetzen war, »bis ha knåkkt = bis er knackt«, also knackende Geräusche von sich gab. Damit war die Vorarbeit beendet, und der fertige Teig wurde in den Backskorb, einen guten viereckigen Rücken-Tragekorb, gehoben. In den war unten ein warmes Kissen gelegt und das Backstuch darübergebreitet worden. Etwa eine Stunde lang stand der Korb neben dem warmen Ofen. Später, das heißt seit etwa 1910, kamen Brotkörbe aus Stroh und später aus Papiermaché auf, selten länglich, meistens rund mit eingeprägter Hausnummer am Boden. Gleich nach Lösung des Teigs aus dem Backtrog wurde mit der Trogschare aller zurückbleibender Teig ausgekratzt und mit einem Rest des vorhergehendem in einen Tontopf gedrückt, um für das nächste Backen den benötigten Sauerteig zu haben. Es ist merkwürdig, daß im Flarchheimer Oberdorf (um 1370 durch Zuzug eines

Teils der Tünchhäuser entstanden) dieses Schabeisen gsp. trogschoarən, im urzeitlichen Unterdorf jedoch gsp. trogschårən genannt wird. Sollte noch Trogkuchen oder auch Schüsselkuchen außer dem Brot gebacken werden, dann wurden sie aus dem letzten Teigrest hergestellt.

Eine etwas ältere Form dieser Brotbacken-Vorbereitung hat sich in Flarchheim bis 1960 gegenüber wenigen sogenannten »Großbauern«, in der Vogtei Dorla gegenüber der Masse aller Einwohner erhalten. Da wurde bei Absicht des Brotbackens beim Bäcker »der Trog bestellt« – zum Gemeindebackhaus gehörte nämlich eine größere Anzahl gemeindeeigener Backtröge. In Flarchheim fuhr am Vortag der Gemeindebäcker den bestellten Backtrog zum Besteller und holte ihn am Backtag auch mit der Schiebekarre wieder ab. In der Vogtei Dorla mußte jeder Besteller den Backtrog selber holen, im »sūrdaigsmillchən = Sauerteigsmuldchen« aber auch den benötigten Sauerteig, den der Gemeindebäcker zu liefern hatte. Zu einem Geback gehörten zwölf bis vierzehn Tröge. Bei der Zufahrt des mit Teig gefüllten Trogs ins Backhaus durch die Hausfrau auf Schiebekarren mußte der ausgeliehene Sauerteig durch entsprechende Teigmenge dem Bäcker zurückerstattet werden, wobei reichere Bauern soviel wie ein Brot gaben. Aus dieser größeren Teigmenge buk der Bäcker für sich die »obnāmsbruət = Abnehmensbrote«, die er an Nichtbauern verkaufen durfte. Von diesen reicheren Bauern holte der Gemeindebäcker vielfach auch die Tröge wieder auf einer besonderen plattförmigen mit einem Pferd bespannten Trogkarre ab und lud dabei acht volle Backtröge, die durch eingeschobene senkrechtstehende Pflöcke waagerecht gehalten und vor dem Abrutschen bewahrt wurden.

Doch zurück zum eigentlichen Backvorgang! Wurde der Brotteig im Rücken-Tragekorb wie in Flarchheim oder im Backtrog mit der Schiebekarre wie in der Vogtei Dorla von der Hausfrau ins Backs befördert, dann trug sie unterwegs die weiße Backsschürze, wobei nur die sogenannte »scharfe Trauer« mit zuerst schwarzer und später grauer Schürze eine Ausnahme machte. Im warmen Backs begann zunächst der dörfliche allgemeine Schwatz, denn am Teig konnte erst weitergearbeitet werden, wenn der Bäkker die Anweisung dazu gab. Und nebenher zirpten die Heimchen mit den Mäulern der Dorffrauen um die Wette, denn an Backtagen mit der größeren Wärme sind sie besonders zum Zirpen aufgelegt. Ein Backhaus ohne Heimchen war früher überhaupt nicht vorstellbar.

Hatte der Backofen genügend Hitze, dann zog der Bäcker mit der Krücke die Glut heraus und brachte sie in den daneben stehenden Aschenkasten. Sie war so wertvoll, daß die Bäckersfrau sofort einen Trebbs darüberstellte, auf den ein großer Kochtopf mit den Kartoffeln für den Matz oder die eigenen Schweine kam. Wurde gegen Mittag nochmals nachgeheizt, dann kochte sie auch ihr Mittagessen auf der heißen Asche.

Nun kam vom Bäcker die Anordnung »bracht ūs = brecht aus!« Inzwischen hatte sich jede Hausfrau einen Platz vor einem Werjbrett gesucht. Zu jedem dieser zwei Meter langen und siebzig Zentimeter breiten Werjbretter gehörten zwei Frauen. Nebenseits des Backofens waren mit kleinem Zwischenraum zwei Balken angebracht, auf denen zwei solcher Werjbretter lagen, während an der gegenüberliegenden Straßenseite auf ebenfalls zwei roh zugehauenen Balken drei Werjbretter Platz hatten. Der »schråin = Schragen« unmittelbar neben dem Ofenloch trug ein weiteres Werjbrett, auf das die Bäckersfrau einen Trog der Großbauern kippte.

Inzwischen hatten die Frauen die Werjbretter mit Mehl bestreut, das sie dem mitgebrachten Mehlfäßchen entnahmen, und ihren Brotteig auf ihre Werjbretthälfte gekippt. Mit den Händen wurde er in die erforderliche Brotgröße gebracht. War zu Hause der Teig als »zů luəsə = zu lose« bezeichnet worden, dann mußte er jetzt mit einer etwas größeren Mehlmenge nochmals gewirkt werden, was dadurch geschah, daß die einzelnen Teigklumpen immer wieder mit Mehl angereichert wurden. Jedes einzelne Brot wurde, von der einen Frau durch Auflegen eines Papierzettels mit der Hausnummer, von der andern durch einen Prägestempel aus Holz gezeichnet, von anderen mit einem Nagel oder einem Hölzchen.

In der gleichen Zeit hatte der Bäcker den Ofen von Glut und Asche geräumt und mit einem an einer Stange befestigten Strohwisch naß gesäubert. Dieser Stangenstrohwisch kam anschließend in einen neben dem Aschekasten angebrachten Wasserkessel, anderwärts wohl auch nur in einen Wassereimer. Danach nahm die Bäckersfrau, die mit ihrem Mann zusammenarbeitete, vom Schragen ein Teig-Brot nach dem andern und legte es auf den Abschoß, die kreisrunde Platte in Größe einer kleinen »Kuchenschüssel«, des »schiwwərs = Schiebers«, damit es der Bäcker in den Ofen »schießen« konnte. Zur Beleuchtung diente ihm früher eine kleine Reisigwelle, die er angezündet und in eine vordere Ofenecke geschoben hatte. Später benutzte er dazu eine kleine Petroleumlampe in einem unmittelbar neben dem Ofenloch eingearbeiteten Fach mit Fensterchen, heute elektrisches Licht. War das Werjbrett des Schragens leer, dann trugen zwei Frauen ihr Werjbrett heran, legten es auf den Schragen, rollten ihr Teigbrot nochmals zusammen und legten es der Bäckersfrau vor, die es sodann auf den Abschoß gab. Auf diese Weise wurde ein Werjbrett nach dem andern geleert und »eingeschossen«. Wer fertig war, ging für etwa eine Stunde nach Hause – denn solange etwa dauerte der Backvorgang – und überließ die auf den Werjbrettern zurückbleibenden Mehl- und Teigreste dem Gemeindebäcker, der sie dann mit einer »krătsən = Kratze«, die zwar die gleiche Form wie die Trogschar hatte aber etwas größer war, reinigte und als Schweinefutter verwendete. Die Umstellung auf Brotkörbchen seit etwa 1910 sah der Bäcker garnicht gern, denn damit entging ihm das zusätzliche Futter für den Matz, den Gemeinde-Zuchteber.

Die Teiggröße wurde so gehalten, daß ein fertiges Brot einen Durchmesser von etwa fünfunddreißig Zentimetern bekam. Früher wurden anschließend an die Brote, jedoch gleichzeitig mit ihnen, auch noch Trogkuchen oder auch Schüsselkuchen zu backen hinzugegeben. Bei beiden werden zunächst Brotteigreste mit verbliebenen Resten des Sauerteigs in einen Tontopf gedrückt, mit etwas Salz bestreut und zum Gären warmgestellt. Danach wurde der Teig mit saurer Milch oder auch mit Öl bestrichen und dann mit Mus, Matte, Speck, Zwiebeln und sogar mit geschnibbelten Möhren, später auch mit Apfelstücken belegt. Der Trogkuchen wurde auf einem Blech, den Schüsselkuchen »blank« mit dem »obbschoß = Abschoß«, der auf dem Schieber befestigten kreisrunden Platte in Größe einer kleinen »Kuchenschüssel«, des Schiebers »eingeschossen« und unmittelbar auf dem Steinboden des Backofens gebacken. Zu Beginn des zwanzigsten Jahrhunderts kostete das Backen eines jeden Brotes drei Pfennige, die Trog- und die Schüsselbrote mußten kostenlos gebacken werden.

Nach Verlauf einer Stunde sammelten sich die Frauen wieder im Backhaus, da das Brot nun gar zu werden begann. Früher fanden sich auch Kinder ärmerer Familien ein, um ein Stück Trog- oder Schüsselkuchen zu erhaschen. Diese Kuchen waren ja zuerst gar und wurden möglichst umgehend nach Hause getragen und dort möglichst noch warm gegessen. Im Unterschied zu anderen Kuchen wurden sie von der Mitte her in keilförmige Stücke geschnitten.

Wird das fertige Brot nach Trog- und Schüsselkuchen »rūsgəhůllt = herausgeholt«, was wieder mit dem »schiwwər = Schieber« geschieht, dann nimmt die Bäckersfrau jedes einzelne Brot entgegen, bestreicht es mit dem pinselähnlichen Wischer, der in einem Stutz, anderwärts in einem auf dem Schragen befestigten Wasserkasten steckt, mit Wasser, damit es den erwünschten Glanz erhält. Das überflüssige Wasser tropft in ein unter dem Schragen stehendes Faß.

Hatten zwei Brote auf Verschulden des Bäckers (was diesem jedoch nicht vorgehalten wurde) zu nahe aneinander gelegen, so daß sie aneinander gebacken waren, dann war ein »klawwərraift = Klebereif« entstanden. Das war ebenfalls so, wenn die Brote zu lange im Ofen geblieben waren, so daß sie eine »ri̊ngən wī ënnə štoadmūrən = eine Rinde wie eine Stadtmauer« bekamen. Derartiges Brot wurde als derb bezeichnet. War das fertige Brot schwumm, dann hatte es der Bäcker nicht ordentlich ausgebacken, obgleich es zu sehr »gegangen«, also an sich schon zu locker war. Stieß der Bäcker eines der Brote, das noch nicht ausgebacken war, mit dem Schieber an, dann setzte es sich und bekam einen Wasserstreif, war dann »wī ënn schliffštain = wie ein Schleifstein«. Unentschieden war die Schuldfrage, wenn das Brot zu schwallig, das heißt nicht durchgebacken und deshalb zu schwer verdaulich wurde. Die Hausfrau schob die Schuld dem Bäcker zu, der mit fehlender oder zu flotter Hitze gebacken, der Bäcker aber der Hausfrau, die zu schlechtes Kornmehl verwendet hätte. Alleinige Schuld lag bei der Hausfrau, wenn sich unter der Rinde der abgebackenen Brote Luftblasen gebildet hatten oder sich auch an den Seiten Risse zeigten, denn dann war das zur Teigbereitung benutzte Mehl nicht warm genug gewesen.

Zu Hause wurden die Brote zum allmählichen Abkühlen und gleichmäßigen Belüften schräg aufrecht irgendwo in der Küche oder im Hausflur abgestellt. Das richtete sich nach der jeweiligen Witterung. Völlig abgekühlt, kamen sie in den Keller auf die »bruəthängən = Brothänge«, das war ein kunstlos mit zwei Ketten hochgehängtes Brett. Darauf hielten sich die Brote lange außerordentlich frisch. Wurde ein Brot zur Verzehrung geholt, dann fand es im Schubb, dem Mittelteil des früher in den Küchen üblichen Küchenschrankes, seinen Platz.

Der Knust oder das Knüstchen ist der erste Anschnitt oder auch der letzte Rest des Brotes. Er gilt allgemein als am gesündesten und schmackhaftesten, weil sich in ihm die ganze Backwürze gesammelt hat. Seltener gilt hierfür auch die Bezeichnung Ranft. Ein Rungs ist ein großes, ein Rüngschen ein kleines Stück Brot, in der Volkssprache vielfach auch zur »Rinde« geworden, was keineswegs nur Rinde, sondern eben ein »Stück Brot« meint. Dem Zeitwort rungsen, das heißt ungleichmäßig und krümelig schneiden, möchte man entnehmen, daß der Ausdruck aus jener Zeit stammt, als scharfschneidende Messer noch unbekannt waren. Ein Fitz Brot muß ursprünglich ein kleines abgebrochenes Stück, ein Fatsen dagegen ein großes gewesen sein. Heute hat sich die Bedeutung entsprechend verschoben. Hat ein Stück Brot zu lange an der Luft gelegen, ist es also ausgetrocknet, dann ist es gsp. riəbsch. Solches riebische Brot wird als »īnbrokk = Einbrock« in den Kaffee gebrockt und in eingeweichter Form gern verzehrt.

Brot war früher eines der köstlichsten Nahrungsmittel, denn meistens scheint es neben Suppen die verschiedenen aus pflanzlichen Früchten bereiteten Breie gegeben zu haben. Das Sprichwort »Trocken Brot macht Wangen rot« dürfte schon seit altersher gegolten haben. Immerhin kannte bereits die Jüngere Steinzeit ein Weizenbrot aus feingeriebenen Körnern, eines aus grobgeriebenen Körnern, Hirsebrot mit Zusatz von Weizenmehl und Leinsamen. Es liegt noch garnicht so lange zurück, daß man sich mit einem Stück trockenem Brot und einem Apfel begnügte.

Wenn das neuvermählte Ehepaar vom Kirchgang kommend das Haus betritt, dann werden ihm teilweise noch heute auf einem Teller Brot und Salz gereicht, und es käme niemand der Gedanke, das Brot etwa mit Butter zu bestreichen. »Brot und Salz – Gott erhalts!« stand noch zu Beginn des zwanzigsten Jahrhunderts vielfach auf den täglich im Haushalt gebrauchten Tellern des Tongeschirrs. Es ist verständlich, daß die Verschwendung auch nur des kleinsten Stückchens Brot, das ja eine Gottesgabe war, vom Bauern als Sünde betrachtet wurde und das Spielen der Kinder mit Brotkrümchen oder gerollten Brotkugeln strengstens geahndet wurde. Wer betet »Unser täglich Brot gib uns heute« und auch nur das kleinste Brotstückchen oder auch andere Lebensmittel umkommen ließ, von dem wurde gesagt, er verhöhne Gott.

Es ist naheliegend, daß sich Sprichwörter, Rätsel aller Art mit dem Brot beschäftigen, von denen die meisten inzwischen untergegangen sind. Noch allgemein wird gesagt »ha ës åns bruət gəweant = er ist ans Brot gewöhnt«, wenn jemand in die Fremde gezogen ist; denn sicher wird ihm das dortige Brot nicht schmecken, so daß er schon wieder zurückkehren wird. Kommt jemand in der Hoffnung, vielleicht das eine oder andere zu erreichen, das ihm nicht gewährt wird, dann heißt es hinterher: »jo, dar håt gədoxt, Matths hät gəbåkkən = ja, der hatte gedacht, Matthes hätte gebacken!« Von einer gefräßigen Nachbarin wird selbstverständlich hinter dem Rücken erklärt: »kůmm nuər rīn! meĭ hån fri̊sch bruət gəbåkkən: do kåst də rachtə wi̊gən nīngədriə = komme nur herein! wir haben frisches Brot gebacken: da kannst du richtig (tüchtig, viel, über die Maßen) Ergattertes hineindrehen, verschlingen (hinein gedrehen)!« Ursprünglich war das natürlich in aller Offenheit gesagt worden.

Ohne eigentlichen Zusammenhang mit dem Backen wird ein Verschen aufgesagt, bei dem die Bezeichnung gsp. mūs (nickendes Köpfchen des Löwenzahns) zu »mūs = Maus« mißverstanden wird.

Anrēs, Anrēs, s wåkkəlt də mūs,	*Andres, Andres, es wackelt die Mus*
kiͤmmt dissən obbt verr ůnsəs hūs,	*diesen Abend vor unser Haus,*
hät ënn gåildənəs štrīßchən	*hat ein goldenes Sträußchen*
in dr hānd.	*in der Hand.*
štrīßchən wůnn mə sə	*Sträußchen wollen wir dem*
keïbchən gābe,	*Kühchen geben,*
keïbchən såll ůns mëləchən gābe.	*Kühchen soll uns Milchlein geben.*
Wënn mə båkkən, hån mə bruət –	*Wenn wir backen, haben wir Brot –*
wënn mə štārbən, sin mə duət.	*wenn wir sterben, sind wir tot.*

Um die Jahrhundertwende war noch allgemein bekannt, was mit gsp. mūs gemeint war, denn es folgte stets die entsprechende Rätselfrage.

»Dås friͤßt kënn bruət = das frißt kein Brot« wird erklärt, wenn etwas vorerst nicht Benötigtes gekauft und zum Zwecke späterer Verwendung beiseite gelegt wird.

Vom Backvorgang war bereits darauf verwiesen worden, daß nach dem Ansäuern mit gewinkelter Hand drei Kreuze leicht berührend darübergeschlagen werden. Hierzu gehört das zweideutige Rätsel

iͤch giə ůff diͤch –	*Ich gehe auf dich –*
iͤ ch giə in diͤch!	*ich gehe in dich!*
iͤch wëll diͤ ch biͤmbərnall,	*Ich will dich bimbernellen,*
daß dinn buchch såll schwall.	*daß dein Bauch soll schwellen.*
wås ës n dås?	*Was ist denn das? (der Sauerteig)*

Wie sehr der Gedanke an Brot früher unsere Vorfahren beherrscht hat, das ist ihren Sagen zu entnehmen, in denen beispielsweise die Knet-Ansage des Bäckers den Heinzelmännchen in den Mund gelegt wird. Dagegen kann wohl der angebliche Ausspruch der Heimchen und Zwerge, »Kümmelbrot ist unser Tod«, auf unsere Gegend nicht angewendet werden, denn es wurde bisher noch in keinem Bericht vom Backen eines Kümmelbrotes erzählt.

Schließlich kann noch von einem Oberdorlaer Brauchtum berichtet werden. Am dritten Ostertag zogen die Schuljungen unter Führung des Flurschützen auf die Gemeindewiesen, um mit Hacken die Maulwurfshügel einzuebnen: »meï wůnn də mūlworfshåifən zeïə = wir wollen die Maulwurfshaufen ziehen«. Dabei wurde allerlei Unfug getrieben. Der Schütze wurde mit den Worten »vivåt huəx, dr schiͤtz, dar hät ënn fluəx = Vivat hoch, der Schütz, der hat einen Floh!« verhöhnt. Anschließend gab es auf Kosten der Gemeinde in der Gemeindeschänke ein Fäßchen des im Dorf gebrauten »Einfach Biers«, wozu die restlichen Ostereier gegessen wurden. Hatten die Mädchen in der Zwischenzeit den Anger gekehrt, dann zog alles zum Gemeindebäcker, um mit den Worten »meï wůnn dn trog vərbrënnə = wir wollen den Trog verbrennen« einen ausgedienten Backtrog abzuholen und ihn auf dem Feld mit anderen zerbrochenen Hausratgegenständen dem Osterfeuer zu übergeben.

Abschoß (obbschoß – M.) = Gerätename: lange Stange mit kleinerer »Kuchenschüssel« am vorderen Ende, die dem Bäcker zum »Einschießen« der Kuchenbleche und Brote in den Backofen dient.

anmieren (oanmīrən – V.) = Sauerteig mit warmem Wasser vermischen. Auch allzu »dicke« Suppe wird angemiert, mit etwas Fleischbrühe oder auch nur heißem Wasser verdünnt. – Das einem ideur. +mer (zerreiben) entstammende Wort hat nur in unserer westthüringischen Grundsprache die vorliegende Bedeutung entwickelt. Im Germanischen/Deutschen kommt ihm am nächsten an. merja (zerstoßen, zerdrücken), im Baltischen lit. marvà (alles durcheinander), sonst noch slov. mrviti (bröckeln).

backen (båkkən – V.) = durch Hitze innig zusammenhängend hart werden. – *Bäcker* (bäkk – M.) = der den Backvorgang Besorgende. Dazu mhd. becke, ahd. becko, beccho. – *Backhaus* (båkks – N.) = in Westthüringen das Gemeindebackhaus, das eingeführt worden sein soll erst von den Franken nach 531 mhd. bachhūs. – *Backskorb* (båkkskorb – M.) = aus geschälter Weide geflochtener Rückentragekorb. – *Backtrog* (båkktrog – M.) = aus Lindenholz gefertigte etwa zwei Meter lange und vierzig Zentimeter breite Mulde, in welcher der Brotteig bereitet wird. – *Backtuch* (båkkdůx – N.) = großes grobleinenes Tuch für den Backskorb, in das der Brotteig geschüttet wurde, um zum Backhaus getragen zu werden. – Das Wort ist belegt mhd. backen, bachen, ahd. backan, bahhan, im Germanischen ags. bacan, bōc, an. baka (backen). Um den germanischen Ursprung des Wortes zu sichern, schließt die Sprachwissenschaft auf ein ideur. +bhəgnṓ, +bhəgṓ aus ideur. +bhē (erwärmen) und vergleicht mit gr. phṓgō (röste). Aber das Backen ist nicht nur ein Erwärmen, und es hat auch nichts mit »rösten« zu tun. In Wirklichkeit ist das Wort nichtgerm. aus ideur. +peq (backen, reifen), das ganz richtig gr. péttō (backen, in der Sonne »backen« oder reifen) ergeben hat, aber schon in germanischer Zeit aus einer Grundsprache »aufgestiegen« ist zu ags. bacan, an. baka und ohne weitere Verschiebung ahd. backan, mhd. backen. Es sei lediglich erwähnt, daß nach Forschungen am oberschwäbischen Federsee bereits in neolithischer Zeit Fladenbrote in sogenannten »Backglocken«, glockenartige, mit Lehm überstrichenen Reisiggerüsten als Vorform unserer Backöfen, gebacken worden sind. Davon waren ganze Reihen vorhanden. Die germ. Verschiebung k>ch in ahd. bahhan, mhd. bachen hat sich nicht halten können und ist wieder untergegangen. Wie vermutet, ist die Lautverschiebung p>b, die vielfach auch im Baltischen nachweisbar ist, nicht nur germanisch, sondern auch ideur.-nichtgermanisch.

bimbernallen (biͤmbərnëllən –V.) = kräftig durchdringen, nur noch enthalten in dem angeführten Rätsel »iͤch giə ůff diͤch – iͤch giə in diͤch! iͤch wëll diͤch biͤmbərnall, daß dinn buchch såll schwall« mit der Lösung »der Sauerteig«. Es dürfte mit dem Sexualwort bimbern = kopulieren, schwängern zusammenhängen. – Das nirgends belegte Wort kann nicht mit der Pflanzengattung Pimpinella L. (Bibernell) in Beziehung gesetzt werden.

derb (darb – Adj.) = ungenügend »gegangen«. Wenn der Teig zu fest ist, wenn es an Treibmitteln fehlt, beim Brotteig an Sauerteig. – Das Wort in dieser Bedeutung ist in der Gemeinsprache kaum noch gebräuchlich, in der Grundsprache jedoch noch immer landläufig; es hat ursprünglich die Bedeutung »ungesäuert«, was sich bedeutungsmäßig verschoben hat zum Begriff »zu wenig gesäuert«, mhd. ahd. dërb(p), im Germ. ags. theorf, an. thjarfr (›ungesäuert‹, fest). Johann Leonhard Frisch führt es 1741 in dieser Bedeutung in seinem »Teutsch-Lateinischen Wörterbuch« an. Kluge-Mitzka nehmen ein Wurzelwort ideur. +(s)terp (steif werden) an, doch zeigen die griechischen Belege, daß auf ein Wurzelwort ideur. +dhrebh, +dherbh (fest sein oder machen, dick oder dicht) zurückgegangen werden muß entsprechend gr. tréphō (dicht oder fest machen, gerinnen lassen usw.), tétropha (sich fest ansetzen, gerinnen), dazu nasaliert gr. thrómbos (geronnene Masse, dicker ›Bluts‹tropfen, Klumpen) und Zubehör. Die griechischen Belege verweisen ausnahmslos auf den Zustand der Lebensmittel.

Fatsen – Wohlgenährter, siehe »Tiere auf dem Bauernhof« Seite 106.

Fitz – Stückchen, siehe »Bauer als Ackermann« Seite 203 f.

heizen (haißən – V.) = heizen, jedoch nur vom Bäcker im Backofen gesagt. »dr bäkk hät erscht ainmōl gəhaißt = der Bäcker hat erst einmal geheizt«. – Das einem ideur. +kai (heiß) entstammende Wort mit d-Erweiterung ergab im germanischen ags. hætan, an. heita und im Deutschen ahd. heiʒ, mhd. heiz (heiß), ahd. haiʒī, heiʒi, haiʒe, ahd. mhd. heiʒen (heiß machen, heizen). Die s-Doppelung ist eine mitteldeutsche Eigenart, die jedoch anscheinend keinerlei Bedeutung hat.

Klebereif (klawwərraift – M.) = Stelle zweier beim Backen aneinandergelegener Brote. – Hier mag gleich die Etymologie des Wortes »Reif« in der vorliegenden Bedeutung stehen. Es gehört zu lit. skrèbti (eine dünne Kruste ansetzen; geröstet, braunwerden), skrebùtis (geröstetes Brot, Toast), ist weder im Deutschen noch Germanischen belegt, muß wegen des Ausfalls von +sk/sh jedoch germanischen Ursprungs sein.

Knust (knust – M.) = erster Anschnitt oder auch letzter Rest eines Brotes. – *Knüstchen* (knistchən – N.). – Die Etymologie entwickelt das Wort aus der Bedeutung »Knorren«, was sprachgesetzlich völlig unmöglich ist. Das Wort geht vielmehr auf ideur. +qnēi, qnō (zerbeißen, schaben, kratzen) zurück, daraus beispielsweise gr. knízō zu +knítsō, (an etwas nagen, schaben), knísma (das Abgekniffene, Brocken, Stückchen) und widerspiegelt damit das urzeitliche Brechen des fladenartigen Brotes.

Kratse (kråtsən – F.) = Schabeisen, Trogscharre des Bäckers zum Reinigen der Werjbretter. – Das Wort kratzen wird nachgewiesen mhd. kraten, kretzen, ahd. krazzōn, ist im Germ. nicht belegt, findet sich jedoch nd. kratten, schwed. kratta, dazu norw. krat (Abschabsel, kleiner Abfall). Um den germanischen Ursprung beweisen zu können, wird von Kluge/Mitzka die Nebenform alb. gēruań (kratze, schabe) herangezogen und erklärt, andere außergermanische Belege gäbe es nicht. Die Grundform ist alb. kruań (kratze, schabe), dazu alb. krūs(ë) (Schabeisen), ebenso gehören hierher lett. skrīpât (kratzen, kritzeln, einritzen), skrĩpsts (Schabeisen, Schrapmesser), dazu gr. koyreýs (Barbier, bei uns noch immer Bartkratzer!) aus ideur. +(s)qer (schneiden, abtrennen, kratzen), sowie in den baltischen Sprachen und dem Griechischen zahlreiches Zubehör. Es ist noch nicht erkannt worden, daß in »kratzen« und »schrapen« sprachgesetzlich das gleiche Wort vorliegt, nur durch die nichtgerm.-ideur. Lautverschiebung t>p voneinander getrennt.

krücken – Krücke, siehe »Bäuerliche Tätigkeiten« Seiten 32 f.

lose (luəsə – Adj..) = locker. »dr taig ës zə luəsə = der Teig (für Brot oder Kuchen) ist zu lose«, ist zu locker geworden. – Das Wort in dieser Bedeutung ist erst nhd., jedoch auch belegt im Germanischen an. losna (lose oder lokker werden). Es scheint entstanden nach der ersten Lautverschiebungsreihe (t>p>)k>s aus der Grundbedeutung »locker« und müßte nach diesem Wort erklärbar sein. Nach Kluge/Mitzka ist »locker« erst in frühneuhochdeutscher Zeit »aufgestiegen«, was nicht richtig ist, denn es ist bereits mhd. lucke, lücke (locker, nicht fest zusammenhängend) belegt.

Ranft (rånəft – M.) = großes Brotstück mit Rinde, besonders das Endstück. – Das Wort ist belegt mhd. ranft, ahd. ramft und wird zu Rand, Rahmen als nächstverwandt gestellt. Nimmt man das Griechische zu Hilfe, dann ergibt sich die wirkliche Bedeutung: gr. tómos (Ranft, Brotschnitte, abgeschnittenes Stück) und Zubehör zu ideur. +tem (schneiden). Anzuschließen ist an lit. kremtù (kauen, beißen, nagen), lett. kramsît (mit den Zähnen zerteilen, bröckeln), russ. kroma (Brotschnitt, Ranft) aus ideur. +(s)krē (schneiden). Das Wort ist nach Lautverschiebung k>h germanisch, jedoch erst in ahd. Zeit schriftsprachig geworden, so daß der h-Anlaut nicht mehr vorliegt. Die Grundbedeutung ist »das Abgeschnittene«.

Rinde (ri̊ngən – F.) = äußere Hülle des Brotes, Umhüllung des Baumes. – Das Wort ist belegt mhd. rinde, rinte, ahd. rinda, rinta, im Germ. nur ags. rind(e) (Kruste, Borke, Brotkruste). Das von den Etymologen weiter herangezogene an. rind (Streifen) gehört nicht in diesen Zusammenhang. Bei den Belegen hess. runde, runge (Wundschorf), els. rund, runge, schweiz. runde, runge (›Käse‹rinde) geht die Etymologie rein sprachgesetzlich vor und kümmert sich nicht um die Sache »Rinde«, weshalb sie ideur. +rendh (›zerreißen‹) als Wurzelwort ansetzt und fragen muß, wen denn die Rinde zerreiße. Nach Oskar Schade hatten Weigand und Leo völlig recht, als sie ein gt.

+rundum, +rundans (umfassen, umrunden) voraussetzten, denn tatsächlich ist die Rinde gleich welcher Art »das Umrundende«. Das Wort Rinde wäre damit ein durchaus germanisch-deutsches Wort nach Entrundung u>ü>i.

riebisch (riəbsch – Adj.) = rauh, weil ausgetrocknet, ausgedörrt; nur vom Brot gesagt. – Das Wort in dieser Bedeutung ist althochdeutsch entsprechend ahd. hriupi (rauh), im Germ. ags. hreóf, an. hriufr (rauh, uneben, holperig) als Nebenform zu mhd. ruf, ahd. ruf, hruf (rauhe Oberfläche, Schorf, Grind; Blatter, Aussatz). Am nächsten verwandt ist lit. kraupùs (rauh, uneben, struppig), krùpti (schorfig, grindig) und Zubehör.

Rungs – siehe »Sind wir Germanen?« Seite 121 f.

Runks (růnks – M.) = vierschrötiger und plumper Kerl, ungehobelter und grober Mensch; »das Wort ist in diesem Sinne in Norddeutschland überall verbreitet« (DWB VIII 1521). – *runksen* (růnksən – V.) = rücksichtslos und gemein spielen, besonders Fußball. – Das aus lat. runcāre (jäten, rupfen, mähen), runco (Jäthacke) entwickelte mlat. runcārius (Arbeiter mit der Hacke) ist als ein vermutlich echtes Lehnwort ins Deutsche übernommen worden und erscheint frühnhd. runckes, runcus (Grobian, ungeschliffener Kerl). Irregeführt durch das Schülerlatein des 15. Jahrhunderts, stellt die Etymologie überhaupt nicht vorhandene sprachliche Beziehungen zum ähnlichklingenden »Rungs« her, der ein »Brotranft« sein soll, was jedoch auch sachlich falsch ist. – *Rungs* (růngs – M.) = dickes Brotstück; Vilmar, 333: Runke(n). Es kann zwar ein Brotranft, braucht dies aber durchaus nicht zu sein. Wird das Endstück ausdrücklich gewünscht, dann spricht man vom Knust oder auch vom Knüstchen. Im Mitteldeutschen dissimiliert in zahlreichen Fällen nd, nt zu ng, beispielsweise Linde/liͤngən, unten/ůngən, Binde/biͤngən, Hand zwar hānd aber Händchen/hangchən, Land zwar lānd aber Länderei/langərï, Rind zwar reïnd aber Rindchen/riͤngchən, und so auch Rinde/riͤngən. Um den Ausdruck Rinde geht es bei dem Wort Rungs, jedoch nicht in der allgemeinen, sondern der volkstümlichen Bedeutung, in der es auch im Gemeinsprachigen oft genug heißt »gib mir eine Rinde«, was jedoch keineswegs ein Stück Rinde bezeichnen soll, sondern ein möglichst dickes Brotstück. Wenn Weigand und Leo (nach Oskar Schade) mhd. rinde, rinte, ahd. rinda, rinta, ags. rind (Brotrinde) einem vorauszusetzenden gt +rundum, +rundans (umfassen, umrunden) entsprossen annehmen, dann bestätigt dies die westthüringische Grundsprache, sobald die Dissimilation berücksichtigt wird. Diese Dissimilation ist ja auch in mhd. runge, ahd. runga, im Germanischen ags. hrung, gt. hrugga (Runge des Wagens) bereits wirksam geworden, denn dieses Werkstück sagt ja aus, daß der auf der Wagenachse aufsitzende Rungenstock (gsp. růngštokk) zusammen mit den beiderseitigen Rungenstreben (und dem ursprünglichen Halbreifen für das Plantuch) den Wagenkasten »umrundet«, was allerdings nur im angelsächsischen Beleg deutlich wird. Völlig klar wird der Sinn des Wortes »Rungs« durch ein immer wieder gehörtes scherzhaftes Zwiegespräch zwischen Mutter und Sohn: »Můttər, wān såll an deï růngsən = Mutter, wem soll denn die Rungsen? « – »jə, dinnə, min sēnchən = ja, dein, mein Söhnchen!« – »åch, suə…ënn…rings…chən = ach, so…ein…Rüngs…chen«. Bezeichnet »dar růngs« (masc.) ein großes »deï růngsən« (fem.) ein übermäßig großes, so »dås ringschən (neutr.) ein unerwartet kleines Stück Brot, und zwar nur Brot und nichts anderes! – *rungsen* (růngsən – V.) = rupfend schneiden, jedoch nur hinsichtlich des Brotes. »schnīd groadə ůn růngs nich = schneid gerade und rungse nicht!« Man möchte annehmen, daß dieser Ausdruck bis in jene Zeit zurückreicht, da man scharfschneidende Messer wie heute noch nicht kannte, man also ein Brot nur rungsen, nicht aber im neuzeitlichen Sinne schneiden konnte. Zwar sind die verschiedenen Wissenschaftszweige durchaus nicht bereit, derartigen Ausdrücken ein solch hohes Alter zuzubilligen, im Weitergang der Untersuchung wird sich jedoch ergeben, daß solche Möglichkeiten durchaus bestehen…Die gleicherweise von Kluge/Götze, Lutz Mackensen, Hermann Paul, Weigand vorgenommene Gleichsetzung der völlig verschiedenen ideur. Wurzeln entstammenden Wörter Runks (Lehnwort aus dem Lateinischen) und Rungs (germanisch-deutsches Erbwort) macht deutlich, daß in zahlreichen Fällen ohne gewissenhafteste Berücksichtigung volkskundlicher Sachverhalte irrtümliche Etymologien unausbleiblich sind. Im Sprachlichen aber muß durch möglichst weitgreifende Grundsprachenforschung die phonetische Urform des jeweiligen Wortes zu gewinnen versucht werden.

schwallig (schwållij – Adj.) = nicht durchgebacken, schwer verdaulich nur vom Brote gesagt. – Das nirgends belegte Wort macht deutlich, wie die Grundsprache zur besseren Verdeutlichung des Gesagten wortschöpferisch tätig ist. Es liegt das auch im Germ./Deutschen belegte Wort »schwer« zugrunde, das erst im Deutschen diese Bedeutung annimmt, während lit. swer̃ti (etwas wägen) und Zubehör schon urzeitlich diese Bedeutung nachweist, im Deutschen mhd. swære, swær, ahd. swāre, swāri, as. ahd. swār (schwer; drückend, lästig; schmerzend) – mhd. swaeren, ahd. swāran (Beschwerde verursachen). Hierzu hat die Grundsprache durch Lautverschiebung r>l schwallig (Beschwerde verursachend) gebildet. Vgl. »Mit unserer Sprache« Seite 228.

schwumm (schwů̂mm – Adj.) = nicht durchgebacken, obgleich zu sehr »gegangen«, das heißt zu »lose« oder locker. »s bruət ës zə schwů̂mm = das Brot ist zu schwumm«, ist schwammig und nicht durchgebacken. – Das Wort ist wortschöpferischer Ablaut zu »schwammig« (locker, porös) und deshalb geschaffen worden, weil das Brot eben nicht nur schwammig, sondern zusätzlich nicht durchgebacken ist. Zugrunde liegt ideur. +su̯ombhó-s.) = (schwammig), dem unser Wort am nächsten kommt.

wergen (wërgən – V.) = die aus dem Teigklumpen »ausgebrochenen« Brotteile wieder mit Mehl anreichern und in die richtige Form bringen. – *Wergbrett* (wërgbrāt – N.) – Der Versuch, das Wort mit nhd. Werk, wirken in Zusammenhang zu bringen, scheitert an den griechischen Belegen, denn gr. wergō (trennen, abschneiden, absondern) entstammt ideur. +u̯erg (drängen, einschließen), dazu gr. ergathō (trennen, loslösen), eirktéos (einengen, drängen).

Das Kuchenbacken

Zweifellos entstammt unser »Steinkuchen«, der noch zu Beginn des zwanzigsten Jahrhunderts auf dem »Stein« gebacken wurde, einer sehr alten Zeit. Dieser »Stein« war eine kreisrunde flache Eisenplatte mit einem nur etwa einen halben Zentimeter hohem Rand, der ganz offensichtlich an die Stelle des einstmals in der Mitte des offenen Feuers liegenden Steines getreten ist. Ebenfalls in diese Backweise führen wohl die aus derber geknetetem Mehl geformten Talkerchen zurück, zu denen grundsätzlich geringwertiges Weizen- oder auch nur Gerstenmehl verwendet wird. Nur etwas Milch und

Salz kommt zu dem hinzu, jedoch keine Hefe. Die lediglich ablautende Bezeichnung »duləkən« (Dulke) für den sogenannten »sitzengebliebenen« Kuchen, dem der »Trieb« fehlt, kennzeichnet noch heute diese frühzeitliche Backform. Übrigens ist der aus gutem Weizenmehl, Milch, Hefe und Salz hergestellte Röhrenkuchen die unmittelbare Weiterentwicklung der Talkerchen. Er ist – anderwärts auch Röhrenplatz oder Röhrenkintz genannt – außerordentlich beliebt, zumal wenn er mit Zwetschenmus oder Rüben/Birnensaft bestrichen wird.

Die Meinung, die Hefe sei eine verhältnismäßig späte Erfindung der Backkunst, ist falsch – denn solange es Met gibt, hat es auch schon Hefe gegeben. Met aber ist ein urzeitliches ideur. Wort, dem ideur. +met (gegorenes Honiggetränkt) zugrunde liegt und nicht ideur. +medhu, weil von dem inzwischen erweiterten skr. mádhu (Honig›trank›) ausgegangen wird. Auch das Germanisch-Deutsche kennt diese Erweiterung: gt. +medus, ags. mēdu, an. mjǫðr und im Deutschen dann ahd. mëtu, mito, mhd. mët(e), bis sich schließlich das nichtgerm. met durchsetzte. Wie die Hefe urzeitlich geheißen hat, wissen wir vorerst nicht. Hefe ist das »Hebemittel«. Wenn Talkerchen ohne Hefe gebacken wurden, dann erweist sich diese Backart als Kultgebäck.

Auch der heute noch unabdingbar zum Nisteltag/Nispeltag (22. Februar) gehörende, in der Jütte gebackene und trotz des Namens durchaus nicht süß schmeckende »Süßkuchen« – zu dem ebenfalls keine Hefe gehört – ist ein Kultgebäck. Nicht anders ist es natürlich mit den verschiedensten Gebäckarten in Tierform, denn der heilige Eligius, der um 640 Bischof von Noyon in Frankreich war, verbot die »Scheußlichkeiten und Abgeschmacktheiten«, zu Beginn des Januar Kälber oder Hasen aus Teig zu backen. Und ebenso ist im Indiculus Nr. 26 von Götzenbildern aus geweihtem Mehl und aus hefelosem süßem Teig die Rede. Aber trotzdem buk meine Großmutter Katherine Elisabeth zu Weihnachten immer noch Hasen aus mit Rübensaft gesüßtem Mehl. Und wenn aus den gleichen bescheidenen Zutaten Sterne, Kringel, Vögel aller Art, Tiere für den Weihnachtsbaum gebacken werden, dann müssen wir in diesem zu den »Gebildbroten« zählenden Kleingebäck den gleichen Ursprung annehmen. Nicht anders aber sind die Pfeffertafeln und Pimpernüßchen für die Zeit zwischen Nikolaustag und Neujahr einzuordnen. Erstere wurden vielfach als »Zöpferchen« gebacken.

Vermutlich gehörten auch die Kräpfel zum Kultgebäck, denn ohne sie war keine Flachskirmse, war aber auch keine Spinnstube denkbar. Und nicht anders scheint es mit dem herzförmigen Fitzkuchen gewesen zu sein, der früher auf dem Stein gebacken und nach dem Ausbacken auf einer Seite mit der Schwinge in kunstvollem Bogen auf die noch unausgebackene Seite geworfen wurde; nachdem das Handwerk fertige Waffeleisen lieferte, begann sich der Name Fitzkuchen zu verlieren, und an seine Stelle trat die Bezeichnung Eisenkuchen.

Ein urzeitliches Gebäck dürften auch die Wickelhietsen sein, denn wird in Flarchheim grundsätzlich nur der Süßkuchen in der Jütte gebacken, so beispielsweise in Langula auch der Wickelhietsen, so daß wir möglicherweise in ihm ein Kultgebäck zu erkennen haben. Wenn meine Kinder sie der gewickelten Form wegen als »šchnakkənhischən = Schneckenhäuschen« bezeichneten, dann konnte meine Mutter recht ärgerlich über diese Benennung sein. Sie mag das fast wie eine Art Sakrileg empfunden haben.

Alle bisher besprochenen Kuchenarten setzen ein altzeitliches Kuchenbacken auf der eigenen Feuerstätte fort. Die hauseigene Backstelle war keineswegs nur das offene Herdfeuer mit dem in der Mitte liegenden Backstein – vielmehr sind spätestens mit dem letzten Drittel der Jüngeren Steinzeit selbständige Backöfen nachweisbar, wie oben angeführt worden ist.

Richtig dürfte sein, daß sich eine gewisse Backkultur erst durch Einführung der Gemeindebackhäuser entwickelt hat. Ob dies durch die Franken geschehen ist, die 531 das Thüringer Königreich zerschlugen, ist zumindest für Flarchheim zu bezweifeln. Denn hier wurde das Backhaus, wie vielfach angenommen wird, auf dem Heeg (dem heidnischen Kultplatz) erbaut und zwar an der Stelle, an der sich vorher die dörfliche Malstätte befand. Die ist aber erst 1370 westlich des damals hinzukommenden Oberdorfs verlegt worden, wodurch der Raum für das Backhaus frei wurde (der Malstein wurde an den Ostgiebel des Backhauses zurückversetzt).

Thüringen gilt allgemein als das »Kuchenland«, was sogar in die dörflichen Sagen eingegangen ist, in welchen irrtümlich das zum Brotbacken gehörende »knat = knete!« auf das Kuchenbacken bezogen wurde. Hat die Sage des im Jahre 1506 als Wüstung bezeichneten Dorfes Bechstedt auch nur eine Spur von geschichtlicher Bedeutung, dann müssen Gemeindebackhäuser schon vor 1370 bestanden haben, denn dieses »knat = knete!c hat ja nur Sinn für das gemeinschaftliche Backen. Bechstedt kann im Thüringer Grafenkrieg zwischen 1342 und 1345 oder auch während der Schlacht bei Flarchheim am 27. Januar 1080, zugrundegegangen sein, denn in den Berichten heißt es ausdrücklich, daß die Ortschaften in der Umgegend in

Flammen aufgegangen seien. Auf Grund der Rekonstruktion jener Kämpfe können diese nur Lützelbeer, Groß- und Klein-Graiwerode, Kammerforst, Oppershausen, Lingula, Sebeda und Bechstedt gewesen sein.

Das Kuchenbacken im Gemeindebackhaus

Backtage für Kuchen waren Dienstag, Freitag und Sonnabend (in Oberdorla jedoch täglich) und zwar nach dem Brotbacken, weil die Hitze für zwei Gebacke »trockenem Kuchen« noch ausreicht. Wird jedoch »nasser Kuchen« gebacken, dann macht der Bäcker vorher noch ein Huschchen, also ein gelindes Feuer mit dürren Reisigwellen. Das wöchentliche Kuchenbacken braucht nicht vorher bestellt zu werden – ist aber vor den Festtagen erforderlich. Da an Festtagen manche Familie zehn und mehr wagenradgroße Kuchenbleche (kleine 60 cm, große 70 bis 72 cm Durchmesser) bäckt, werden oft zehn Gebacke täglich benötigt. Den Beginn bestimmt der Bäcker nach den Hausnummern, so daß bei jedem Festtag ein anderer Dorfteil den Anfang zu machen hat. Das dritte heißt »Herrengeback«, so daß die betreffenden Familien (Pfarrer, Lehrer, Schulze, Schöppen und einige Großbauern) nicht allzu früh aus den Federn müssen, denn das erste Geback beginnt in aller Frühe. Früher stand das Herrengeback wohl nur den Gutsbesitzern und anderen Dorfoberen zu, und es ist bedeutsam, daß die Vogtei Dorla mit ihrer stärkeren germanischen Grundlage ein Herrengeback nicht kennt.

Die Zubereitung der Kuchen bzw. des Teigs entspricht weitgehend der in der Stadt und muß deshalb hier nicht angeführt werden. Allgemein werden trockene und nasse Kuchen unterschieden, die auf wagenradgroßen Blechen auf dem Kopf mit untergelegtem Backstuch zum Backen ins Backhaus und dann wieder zurückgetragen und daheim vom Kuchenblech auf eine hölzerne Kuchenschüssel »abgeschossen« werden. Trockene Kuchen heißen alle, die aus einfachem Hefeteig bestehen und nur mit Gries oder Zucker, allenfalls mit Streuseln bestreut sind, nasse dagegen alle diejenigen, welche außer einer Schicht Mehlbrei noch eine Auflage von Obst, mit rohen Speck- oder Zwiebelstückchen oder mit Matte (Quark) haben. Von einigen werden sie auch Schmierkuchen genannt.

Nicht ausdrücklich als trockene Kuchen werden die in der Ofenröhre gebackenen flachen, unten und oben gleichmäßig abgeplatteten Röhrenkuchen bezeichnet, die in der Regel nicht größer als ein Abendbrotteller sind und die eine Höhe von allenfalls neun Zentimeter haben. Sie werden in Streifen geschnitten und mit Mus, Rübensaft oder Gelee bestrichen zum Kaffee gegessen. Ältere Bezeichnungen dafür sind Kietz oder Platz.

Eine andere Art »trockenen Kuchens« sind die Stietzel, von denen drei oder vier brotlaibartig auf das Kuchenblech gelegt werden. Wird nur ein solcher Brotkuchen benötigt, dann wird die »Lochform« verwendet und ein Lochkuchen gebacken; je mehr Öl zum Bestreichen der Seitenwände verwendet worden ist, desto besser schmeckt er. Zu Festtagen gibt es gern einen Ringel, der die Höhe eines Brotes hat, am Rande des Kuchenblechs herumgeführt ist und die Kuchenblechmitte frei läßt; für Ringelteig wird besonders viel gute Kuhbutter verwendet. Zu Butterkuchen wird meistens mehr Mehl und mehr Butter als zu allen anderen trockenen Kuchen verwendet; wird er hell gewünscht, dann wird der Teig mit saurem Rahm, Butter oder Öl bestrichen und dann mit geriebenem und mit Zucker vermischtem Zwieback bestreut. Statt des Rahms verwandte man frisches Schöpsenfett. Soll er dunkler sein, dann wird zum Bestreichen noch ein Ei verrührt. Ein anderer besonderer trockener Kuchen wird als Dischkuchen oder auch als »hoher Kuchen« bezeichnet. Bis zum Ersten Weltkrieg wurde er ausschließlich für die Alt- und Kleinpaten während der Taufen und Hochzeiten mit der doppelten Menge der gewöhnlichen Zutaten gebacken. Ein fertiger Dischkuchen hatte die Höhe von zehn bis zwölf Zentimeter. Zu ihm werden zwölf oder mehr Pfund Mehl, vier Pfund Butter, drei bis vier Pfund Zucker, Milch und Hefe benötigt, für zwei die doppelte Menge. Eine derartige Teigmenge konnte natürlich nicht gewilgert werden, weshalb sie auf das gut gefettete Blech geschüttet und von zwei oder drei Personen mit einer Kuchenschüssel solange breitgedrückt wurde, bis eine gleichmäßig gewölbte Form entstanden war. Mit der Not des Ersten Weltkrieges ist der Brauch des Patengebens untergegangen.

Auch der Kräpfelkuchen ist ein trockener Kuchen, dessen noch ungebakkener Teig mit einem Messer kräpfelartig gerillt und dann mit Öl bestrichen wird, das dann in die Rillen läuft. Eigentlich gehören auch Trogkuchen und Schüsselkuchen hierher, die jedoch aus restlichem Brotteig bereitet werden und bereits beim Brotbacken besprohen wurden.

An keinem Festtag darf der Scheetkuchen fehlen. Er wird aus bestem Weizenmehl bereitet, enthält viele Eier und als Triebmittel keine Hefe, sondern Hirschhornsalz. Er kann nicht gewilgert, sondern muß nach dem Ausschütten auf das gut eingefettete Kuchenblech mit einem Löffel glattgestrichen werden. Ist der Teig allzu flüssig, dann wird ein Reiftchen aus gewöhnlichem Hefeteig umgelegt, um den Eierteig am Überfließen zu hindern. Eine andere Art ist der »īngəmāntə Aiərkůxən = eingemengte Eierkuchen«, bei dem etwas weniger Eier, jedoch mehr Weizenmehl verwendet wird. Wie der Name sagt, wird er nicht wie der Scheetkuchenteig eingerührt, sondern mit den Händen eingemengt.

Einige wenige Kuchen werden nur noch unmittelbar nach besonderen Arbeitsgängen hergestellt, so Majorankuchen aus gewöhnlichem Kuchenteig, die nur noch von wenigen Familien nach dem Schweineschlachten mit Grieben vom Schmerfett und Majoran bestreut gebacken wurden. Fast ganz vergessen ist der Schaumkuchen, bei dem der während des Saftkochens abgeschöpfte Schaum mit dem üblichen Kuchenteig vermengt wurde. Beim Zwiebel- und beim Speckkuchen wird statt Weizenmehl allgemein Roggenmehl verwandt.

Der »nasse Kuchen« gibt der Hausfrau die Möglichkeit, allerlei Besonderheiten zusammen zu »dåinschən = danschen« und den Angehörigen die Fähigkeiten ihrer Backkunst vorzuführen. Freilich hat sie im Winter oft ihre liebe Not, wenn die Hühner nicht mehr Eier legen und sie auf ihre in einem Getreidehaufen oder auch nur Heu »eingelegten« angewiesen ist. Es scheint alte Gewohnheit zu sein, daß sie die zum Verbrauch bestimmten Eier nicht durchleuchtet, sondern am Ohr schüttelt, um festzustellen, ob sie schon futscheln und deshalb verfüttert werden müssen.

Die Grundlage des »nassen« Kuchens ist die gleiche wie die des »trokkenen«, das heißt man verwendet Mehl, Butter oder Fett, Zucker und etwas Salz und gibt als Triebmittel nasse und heute trockene Hefe dazu. »Aufgemacht« wird er wie der Teig zum »trockenen Kuchen«, nur wird ein Rand umgelegt, der meistens mit Daumen und Zeigefinger durch »Knīpən = Kniffe« verziert wird. Ein Sammelname für »nassen« Kuchen ist auch »Schmearkůxən = Schmierkuchen«. Das ist der einfachste, bei dem der Teig nur mit einem Mehlbrei bestrichen wird, der dann eine dünne Decke aus einem Rahmguß erhält. Dieser Rahmguß ist aus Sauerem Rahm zusammengerührt, einem oder zwei Eiern, etwas Salz, wenig Mehl und Zucker oder Saft. Er heißt deshalb auch Rahmkuchen und in wenigen Familien

Schmandkuchen. Dieser einfachste »nasse« Kuchen wird meistens von denjenigen Familien gebacken, die an dem betreffenden Tag ihre Brote backen. Der Bäcker schiebt sie vor Beginn des Brotebackens ein. Statt dieses einfachsten Rahmkuchens wird dann auch Speckkuchen gebacken, der nur mit Rahmguß bestrichen und mit rohen Speckgrieben belegt wird. Ebenfalls vor dem Brotbacken wird der Zwiebelkuchen eingeschoben, zu dem bis zwei Pfund Zwiebeln zusammen mit Salz geknirscht und zusammen mit Öl aufgeschüttet wird.

Obstkuchen gibt es mannigfacher Art. Bei Apfelkuchen werden die geschälten Äpfel in Schnitzel aufgelegt, bei Zwetschenkuchen die Zwetschen in Treppchen, zu Kirschkuchen wurden früher nur Kipsen verwendet, später auch Rinsche oder Wasserkirschen, schließlich hauptsächlich Sauerkirschen. Stachelbeer- und Johannisbeerkuchen benötigen viel Zucker; Heidelbeerkuchen gibt es nur äußerst selten, da im Hainich nur wenige wachsen. Bei allen Obstkuchenarten ist die Unterlage ebenfalls Mehlbrei, und obenauf wird der Rahmguß gestrichen.

Eine besondere Art des Obstkuchens ist der »Åpfəlkålätschən«, der neuerdings vielfach als »bedeckter Apfelkuchen« bezeichnet wird. Bei ihm wird der erforderliche Teig außerordentlich dünn auf zwei Kuchenschüsseln ausgewilgert. Dann wird die eine Hälfte auf das Kuchenblech umgelegt und mit Apfelmus bestrichen, das vielfach mit Korinthen durchsetzt ist. Zum Schluß wird der auf der zweiten Kuchenschüssel befindliche Teig in raschem Schwung darübergelegt. Eine andere Form der Kalatschen sind die Apfeltaschen, die genauso hergestellt, aber in doppelter Kräpfelgröße nebeneinander auf das Blech gelegt werden. Hier muß auch der Muskuchen erwähnt werden, dessen Herstellung derjenigen aller Schmierkuchen gleicht.

Mehr als Leckerei betrachtet wurden die Kringel aus dem gleichen Teig wie der »eingemengte Eierkuchen«, zu denen Hirschhornsalz als Triebmittel verwendet wurde. Es galt keineswegs als Diebstahl, wenn sich beim Nachhausetragen eines Kuchenblechs voller Kringel ein Vorübergehender sich einen herunternahm und verzehrte; besonders verlustreich konnte dieses Nachhausetragen am späten Nachmittag eines Wintertages werden, weil dann Groß und Klein sich mit Schlittenfahren vergnügte und dies an der Backhaustür westwärts seinen Anfang nahm.

Alt sind auch die aus Kuchenteig bereiteten und mit Latwerge gefüllten halbmondförmigen Hörnchen, die aber nur vom Herbst bis zum zeitigen Frühjahr gebacken wurden (weil dann die Latwerge verbraucht war).

Ebenso dürfte der einfache Rührkuchen schon eine lange Zeitdauer haben. Dagegen sind Deckelplätzchen und andere Plätzchenarten erst am Ende des neunzehnten Jahrhunderts aufgekommen, Torten sogar erst zu Beginn des zwanzigsten.

Der Backvorgang ist ähnlich wie beim Brotbacken. Jedoch wird jedes Kuchenblech schon zu Hause vollständig fertig gemacht und dann auf dem Kopf, möglicherweise noch ein zweites rechts oder links gegen die Hüfte gestützt, ins Backhaus getragen.

Im Backs werden die Bleche auf den »Schråin = Schragen« gestellt. Wer eine größere Anzahl Kuchen backen will, muß so oft den Weg machen, bis alle Bleche im Backhaus beisammen sind. Zum Schutz des Kopfes wird ein Topflappen untergelegt, dessen einstiger Name untergegangen ist. Jeder Kuchen wird mit dem Hauszeichen versehen, von der einen Familie mit einem Nagel, von der anderen mit einem Holzstäbchen, von der dritten mit besonders tiefen Kniffen, auch einem Überschlag eines kleinen Teigstückes. Der Bäcker »schießt« die Kuchen mit seinem »Schiwwər = Schieber«, der an der Spitze eines ovalen »Obbschoß = Abschoß« besitzt, in den Ofen – aber jede Hausfrau muß ihre Kuchen selbst »nīngawə = hineingeben«.

Hat die Hausfrau eine größere Anzahl Kuchen – besonders an Festtagen – auf einmal gebacken, dann bringt sie von daheim ein Messer mit, schneidet aus einem »Straməl = Stremel« heraus und legt ihn für den Bäcker beiseite mit den Worten: »heī lai ͥch ënn štͥkkchən Kůχən hënn = hier lege ich ein Stückchen Kuchen hin.« Bei Taufen und Hochzeiten jedoch gehört es zur guten Sitte, daß der Bäcker bis je ein Fünftel nassen und trockenen Kuchen bekommt, unten der trockene, etwas weniger nasser, bis ein Viertel daraufgelegt. Begüterte Familien buken früher donnerstags Kuchen zum Verschenken an ärmere Kinder, die Hochzeitskuchen dann freitags.

Nach Hause werden die Bleche auf die gleiche Weise wie auf dem Hinwege getragen, Bleche voller Deckelplätzchen jedoch mehrere senkrecht zugleich, da sie auf der Unterlage kleben bleiben. Zu Hause wird ein Kuchen neben dem andern auf eine Kuchenschüssel »obbgəschossən = abgeschossen«. Wird eine Spinn- oder eine Spellstube gehalten, dann werden aus mehreren verschiedenen Kuchen »goatsåmə = geitsame« Stücken geschnitten und auf Kuchentellern aufgeschichtet. Die übrigbleibenden Schnippel werden für den Verbrauch in der eigenen Familie beiseite gelegt.

Besonders bei Taufen und Hochzeiten sind oft zuviele »nasse« Kuchen gebacken worden, so daß sie »Katzchən = Kätzchen«, also Schimmelstippen bekommen: die Kuchen werden »schëmməlniͤng = schimmelning«, schimmelig. Derartige Kuchen werden mit einem Messer gereinigt und im Backhaus geröstet. Dieses Rösten erfolgt auch stückweise im eigenen Herd oder in der Ofenröhre.

abschießen (obbschiͤßən – V.) = vom Kuchenblech den fertig gebackenen Kuchen auf den Abschoß (obbschoß – M.), den Schieber mit der vorne darauf in Größe einer kleinen »Kuchenschüssel« befestigten kreisrunden Platte, schieben. »häst an dn kůχən schůn obbgəschossən = hast (du) denn den Kuchen schon abgeschossen?« – Das Wort gehört nicht zum Begriff nhd. schießen (rasch stoßend wohin schieben; wohin fortschnellen; fortschnellend treffen usw.), sondern zum Begriff nhd. schütten (ausgießen) und damit zum Dingwort Schüssel, Abschoß aus ideur. +(s)kut (rütteln). Mit dem Abschießen ist ganz richtig oft ein Rütteln verbunden, wenn der Kuchen sich nicht in Bewegung setzen will.

Brezel siehe »Lebensfeste« Seite 78.

däunschen = Teig zu allerlei zu Backendem zusammenrühren. Siehe »Lebensfeste« Seite 171.

Dischkuchen = wagenradgroßer, festlicher Hefekuchen. Siehe »Lebensfeste« Seiten 51 f.

Dulke = »sitzengebliebener«, schleifiger Teig, siehe »Ackermann« Seite 83 f.

Fitzkuchen (fitzkůchən = M.) Eisenkuchen, Waffelkuchen; heute im Waffeleisen gebacken, während noch am Ende des neunzehnten Jahrhunderts manche Familien die Herzform mit den in ihr enthaltenen Vertiefungen mit den Fingern »fitzten«, also abteilten, und ihn dann auf der Eisenplatte des Herdes oder des Ofens zu backen. – Die sprachlichen Zusammenhänge sind die gleichen wie unter »fitz« ausgeführt.

Form (form – F.) = mit schrägen, Windungen ähnlichen Rillen versehener Topf zum Backen von Rührkuchen usw. – *Förmchen* (fermchən – N.) = Näpfchen zum Backen einer Art Windbeutel. Die Förmchen waren bis zum Beginn des zwanzigsten Jahrhunderts aus Ton oder Kupfer gefertigt, dann aber aus Eisenblech zu sechs oder zwölf auf einem Gestell. – Das erstmalig 1250 belegte Wort mhd. forme stellt die Etymologie zu lat. forma, dessen Deutung aber als unsicher gilt. Es ist offenbar ein vorgerm. Wort, das erst in mittelhochdeutscher Zeit aus einer Grundsprache aufgestiegen ist, zu ideur. +bher (tragen) daraus beispielsweise gr. phormòs (Tragkorb, Korb »nach Art einer geflochtenen Binsenmatte«), phormìskos (Körbchen) phormēdón (schichtenweise). Letzterer Beleg, sowie die Herstellungsart der Form mit den schrägen Rillen, könnte darauf verweisen, daß diesem Wort die urzeitliche Herstellungsweise der Tontöpfe zugrundeliegt, als die Drehscheibe noch nicht erfunden war und Wulst auf Wulst aufeinandergesetzt wurde, »bis die richtige Form entstand«. Die vorgerm.-ideur. Lautverschiebung bh>f, die sowohl in Mitteldeutschland als auch in Altgriechenland vorliegt, und die zwischen 2000 und 1800 vZtr. angesetzt werden mußte, verweist auf die Mittelhelladische Zeit zwischen 2300 und 1600 v.Ztr., in der noch immer engste Beziehungen zwischen beiden Kulturkreisen bestanden.

futscheln (futschəln – V.) = in einem geschlossenen Gefäß oder Hohlraum scheppernd etwas bewegen, etwa Arznei. Auch faule Eier futscheln. »dås ai kåst də wagg gəschmiß, s ës fūl, s futschəlt schůnn = das Ei kannst du wegschmeißen (geschmeiße!), es ist faul, es gfutschelt schon«. – Das nirgends belegte Wort scheint Ablaut zu ideur. +quat (schütteln) zu sein entsprechend lat. quatio (schütteln, erschüttern) und Zubehör. Sollte Zusammenhang mit lit. puskëti (plätschern, knistern, ächzen, gärend ein Geräusch machen) und Zubehör bestehen, dann müßte Ausgangswort ideur. +pu (aufschwellen, aufblähen) sein. Endgültige Klarheit kann erst geschaffen werden, wenn allenthalben Grundsprachenforschung betrieben wird.

Grischschiet (grischschit – M.) Weihnachtsstollen, der nur dann als richtig hergestellt gilt, wenn er breit ausgewalzt und dann übereinandergeschlagen worden ist, so dass er eine seitliche Kerbe, Spalte aufweist. Martin Wähler (156 ff.) deutet das Wort als »Christscheit«, doch wird es bei uns nur wie »Grisch-« gesprochen, was bei Christ- niemandem einfallen würde. In Thüringen wird er als »Schittchen« bezeichnet. 1611 heißt er in der Erfurter Kindstaufordnung Scheutingen, 1622 in der Erfurter Viktualien- und Warentaxe Scheidingen. 1866 werden für Ruhla die Eyerschyt, also die Eierschittchen, erwähnt, ausdrücklich ein mit Eigelb gefärbtes Spaltgebäck. In den baltischen Sprachen finden wir lit skieda (knusprigbrüchiges Schmalzgebäck) und lit. griezti (kreisförmig einschneiden). Ein (Holz)scheit oder ein Stollen, nach denen das Weihnachtsgebäck auch bezeichnet wird, weist aber nie eine solche Spalte oder Kerbe auf. 1329 erteilt der Bischof von Naumburg der Bäckerinnung das Privileg zwei lange Weizenbrote, die man Stollen nannte, zu backen, wofür sie am Weihnachts- wie am Michaelistage zwei meißnische Gulden zu entrichten hatte. Die äußere Form des Gebäcks weist deutlich auf ein Fruchtbarkeitszeichen hin, was auch für einige geformte weihnachtliche Kleingebäcke in (bezeichnender) Tiergestalt (Hase, Schwein, Fisch u.a.) gilt.

geitsam (gaitsåm – Adj.) = wenn es heißt, »de štrēməl sinn niͤch goatsåm = die Stremel (Kuchenstücke) sind nicht gatsam, dann meint man damit, sie seien zu groß; es würde zuviel auf einmal davon gegessen.

Hiets (hiͤts – M.) = Unser Gebäckname (Wickel)hiͤt(sən) ist der gleiche wie gr. hitrion (Pfannkuchen), zusammengesetzt aus +hit und +rion. Gr. rion (First, Bergspitze, Felskuppe) aus ideur. +wris (erheben), und die in der Pfanne zusammengestellten Wickel gleichen nach dem Backvorgang einer Reihe von Bergspitzen, Felskuppen. Sowohl in gsp. hiͤt(sən) wie in gr. hit(rion) ist die schon nichtgerm.-ideur. Lautverschiebung k>h wirksam geworden. Der Gebäckname ist weder im Deutschen noch vorausliegenden Germanischen belegt. Wohl aber stimmt er lautlich und der Sache genau entsprechend mit dem bisher unerklärbaren gr. hítrion (in der Pfanne gebackener Kuchen) überein, entstanden aus ideur. +(s)kit (spalten, scheiden) entsprechend lit. skiedá (krausbackenes knusprigbrüchiges Schmalzgebäck) nach bereits vorgerm.-ideur. Lautverschiebung k>h. Daraus ergibt sich, daß Friedrich Seiler zumindest hinsichtlich der griechischen Kuchenbäckerei unrecht hat. Das gilt auch für seine Annahme, es habe an Hefe gemangelt, denn sie muß es ja gegeben haben, solange der Honigmet erzeugt wurde (Met ist ein gemein-indoeur. Urwort) mit dem sich dabei entwickelnden Hefesatz. Im Griechischen heißt die Hefe gr. trýx (Bodensatz des Weins; Hefe), ypostáthmē (Hefe; Bodensatz), īlȳs (Hefe; Schlamm, Schmutz), entsprechend der bis zum Beginn des zwanzigsten Jahrhunderts gebräuchlichen, beim Bierbrauen entstehenden »Nassen Hefe«. Da aber die Lautverschiebung k>h um 2200/2000 vZtr. angesetzt werden mußte, gehören

gsp. hiͤt-s
gr. hít-rion

diesem Zeitraum an. Es ist bedeutsam, daß in dem Vogteidorf Langula Wickelhietsen nur zum Buß- und Bettag gebacken wurden und zwar nur in der Jütte, die ja als uralte Kult(pfannen)form erkannt worden war, wozu gr. Xýtroi (Topffest am dritten Tage der Anthesterien, ein ernstes Totenfest) recht genau stimmt.

Jütte (jittən – F.) = zweigriffiges rechteckiges, etwa 10 bis 12 cm hohes Tongefäß, in dem der »Süßkuchen« zum Peterstag gebacken oder Hafer in einem Säckchen zu Heilzwecken erwärmt wurde. In der übrigen Zeit blieb sie ungenutzt. Das Wort ist weder im Deutschen noch im vorhergehenden Germanischen belegt. Im Nichtgerm. finden wir ein ideur. +ghu (gießen), daraus gr. chýtros (irdener Topf), Chýtroi (Totenfeier, »Topffest«) das am 3. Tag des Frühlingsmonats Anthesterion begangen wurde, weshalb die katholische Kirche Petri Stuhlfeier auf diesen Tag verlegte, erläuternd dazu gr. chýtra (Topf, auch Speise), chytós (Grabhügel aufschütten), choē (Weiheguß, Trankopfer), skr. hu (opfern, eigentlich Opfer ausgießen), hāváyāmit (ich mache opfern), āhavas (Opfer). Außerdem vgl. gr. chylós (Malzextrakt). In der Jütte liegt also offensichtlich ein schon ideur. Opfergefäß vor, dessen heutige Verwendung noch immer an die einstige Bedeutung anklingt.

Kalaatsche (kålätschən – F.) = aus dünngewalztem Hefeteig und aufgestrichenem Apfelmus, auf das nochmals ein dünngewalzter Hefeteig gelegt wird, hergestellter Obstkuchen, der hier und da auch als »bedeckter Apfelkuchen« bekannt ist. Eine kleinere Form sind die Kalaatsch- oder Apfeltaschen. – Das nirgends belegte Wort gehört zu gr. paláthē (Marmelade), die aus Nüssen, Feigen und anderen Früchten bereitet und zu einem festen Kuchen zusammengedrückt wurde, entlehnt zu lat. palatha (dasselbe). Wenn die Meinung aufkommen sollte, daß der p>k-lautverschobene Kuchenname dem Lateinischen entlehnt worden sei, dann muß auf die Betonung verwiesen werden, die in Mitteldeutschland noch immer die gleiche wie in Altgriechenland ist, die westungarischen Palatschinken werden mit Mus, Nüssen, Quark, Schafskäse u.a. gefüllt – das völlig gleiche Gebäck wie gr. paláthē und die gsp. kålätschən, was auf die ethnischen Zusammenhänge von Mitteldeutschland über Westungarn bis Altgriechenland verweist. Im mitteldeutschen Kuchennamen ist die Lautverschiebung p>k wirksam geworden. Außerdem ist das unerklärbare griechische Wort erklärbar aus ideur. +pal, +pol (Brei anrühren, zu Mehl zerreiben), welches das mitteldeutsche

Küchenwort Faansen (Reibstein, Reibeisen) nach Lautverschiebungen p>k und l>n ergeben hat.

Kietz (kīts – M.) = nur noch erhalten im Namen des Röhrenkietz, anderwärts Röhrenplatz oder auch Röhrenkuchen genannt. Steinkuchen kann ursprünglich nur ein flacher »auf dem Stein« gebackener Kuchen gewesen sein, der beim Verzehren mit den Händen auseinandergerissen wurde. Sobald ein dickerer Kuchen gebacken wurde, mußte er geschnitten, also in Stücke »gespalten, geschieden« werden aus ideur. +(s)kit, +sk(h)it, +skhid (spalten, scheiden). Das führt zu (Griͤ̄sch)schīt, zu vergleichen mit lit. skiedá (krausbackiges knusperigbrüchiges Schmalzgebäck), dieses mit Wurzelerweiterung, während in (Grisch)schiet das reine Wurzelwort vorliegt. In (Röhren) Kiets liegt eine s-Erweiterung vor. Da jedoch in gsp. hiet(sen) entsprechend gr. hit(rion) die bereits nichtgerm.-ideur. Lautverschiebung k>h aus etwa 2200/2000 vZtr. wirksam geworden ist, muß +kit aus ideur. +(s)kit (das Zuspaltende) noch älter sein. Das würde von der Sache die Sprachwissenschaft auf völlig neue Wege weisen; denn entweder ist die s-Erweiterung in Kiets auch im älteren Nichtgerm. nachweisbar – oder das Wort als bodenständig ist nichtlautverschoben »aufgestiegen« und erst dann wurzelerweitert worden.

Kuchenschüssel (kůxənschiͤssəl – F.) = wagenradgroßes hölzernes Kuchenbrett mit einem Holzgriff, der aus dem längeren Mittelbrett herausgearbeitet wurde: ihr glich wohl der germanische Tisch, auf dem Brot und Fleisch aufgehäuft (ůffgəschott = aufgeschüttet) wurde, um auf einem kleinen Gestell vorgesetzt zu werden, so daß also jeder Esser vor einem eigenen Tische saß. Auf der Kuchen»schüssel« wird heute der lose (ůffgəgi̊nnə = aufgegangene) Teig mit der Kuchenrolle, dem gsp. wi̊lləjərhåilzə (Wilgerholze), anderwärts Nudel- oder Mangelholz genannt, gsp. ůffgəwi̊lləjərt (aufgewilgert), breit ausgewalzt; darauf wird das eingefettete Kuchenblech aufgelegt. Nun wird beides umgeschwenkt, so daß die Kuchenschüssel obenauf liegt und abgenommen werden kann. Auf dem Blech wird nun der Teig endgültig fertiggemacht und dieses anschließend ins Gemeindebackhaus getragen. Ist der Kuchen gar und nach Hause gebracht worden, dann wird er zum Abkühlen und weiteren Verbleib auf die Kuchenschüssel »geschossen«: »häst an dn kůxən schůn obgəschossən = hast (du) denn den Kuchen schon abgeschossen? vom Kuchenblech auf die hölzerene Kuchen»schüssel« geschoben.

Mus (mûst –N.) = breiartige Masse aus gekochten Zwetschen oder (seltener) Birnen als Aufstrich zu Brot oder Kuchen; Erbsen-, Bohnen-, Linsenmus; schon sehr früh Apfelmus; später auch Gemüse, schließlich Kartoffelmus. – Zum Muskochen noch Muskasten, Muskrücke, Musrühre, dazu das Schimpfwort Musbabbe und einige Redensarten, sowie alle volkskundlichen Eigenheiten. – Sicher ist die Grundbedeutung in ideur. +mat (Speise) zu suchen, dem zur besonderen Kennzeichnung der breiartigen Form ein +mut gegenübergestellt wurde entsprechend lit. mutinỹs (Fastensuppe), mutùs (dick›flüssig‹, dicht), mutnùs (›an‹schwellend, dicht, dick), die keinesfalls als »lautmalend« bezeichnet werden können. Da das Muskochen zur Aufgabe der von germanischen Stämmen herrscherlich überlagerten Vorbevölkerung gehört haben wird, ist eine nichtgerm.-ideur. Lautverschiebung t>s anzunehmen, so daß das Wort »aufstieg« zu ags.afries.as. mōs (Speise; Essen, Mahlzeit), ahd. anfränk. mhd. muos (gekochte, besonders breiartige Speise). In Mitteldeutschland war bis zum Beginn des zwanzigsten Jahrhunderts das Wort Mus auf Zwetschen-, Birnen-, Apfelmus eingeschränkt. Ein germ. +mati anzusetzen, verbieten die baltischen Belege.

Platz (plåtz – M.) Nebenbezeichnung für Röhrenkietz oder Röhrenkuchen mit einem Durchmesser von etwa zwanzig Zentimeter. Er ist beiderseits abgeplattet, da er erst von der einen und dann von der anderen Seite zum Backen in die Ofenröhre gelegt wird. – *Plätzchen* (platzchən – N.) = flaches Küchelchen aus Mürbteig. – Da unser Wort (Markt)Platz aus dem Lateinischen entlehnt wurde, ist die bisherige Etymologie hinsichtlich dieses Wortes nicht richtig. Kluge/Mitzka schreiben: »Im 14. Jh. tritt thür. platzbęcke m. ›Fladenbäcker‹ auf, noch jünger sind *Platz, Plätzchen,* dünner Kuchen« (Zs. f.d.Wortf. 11,200; Wick 72). Bei Entlehnung aus lat. placenta ›Kuchen‹ wäre höheres Alter zu erwarten; ein slaw. Fremdwort (man hat an poln. placek m. ›flacher Kuchen‹ gedacht, das vielmehr selbst aus dem Dt. stammt) wäre schwerlich so weit nach Süden und Westen gedrungen wie *Platz*. So ist dies wohl aus der Hauptbed. abgezweigt (wie auch *Fleck* landschaftl. beide Bed. vereinigt). Dazu stimmt die stete Bedeutung der flachen Form.« Ihnen ist nicht bewußt geworden, daß sie in urgerm. flado (Fladen), genau germ.-lautverschoben aus ideur. +plat(h) (ausbreiten), den unwiderlegbaren Beweis dafür haben, daß Platz, Plätzchen vorausliegen – nur eben vorgermanisch, in diesem Falle. Legen wir die erarbeiteten ethnischen Zusammenhänge unseren weiteren Überlegungen zugrunde, dann begegnen uns gr. pláthanon

(Brett auf dem der Kuchen bereitet wird), nach Lautverschiebung t>(p)k gr. plakoỹs (Kuchen), lit. plotìnē (plattgedrücktes Gebäck; Plätzchen), paplótis (flaches Fladenbrod, Fladen), lett. plãcenis (flacher Kuchen). Mit diesen Belegen ist anzunehmen, daß der Plat(s) schon in der Jüngeren Steinzeit vor nun mehr als viertausend Jahren ähnlich wie heute gebacken worden ist.

Reifchen (raiftchən – N.) = der Reif, die Rinde des wagenradgroßen Kuchens. »gëbb miͤch əmō ënn raiftchən ků̊χən = gib mir (das heißt soviel wie »bitte!«) ein Reifchen Kuchen!« Wenn Besuch kommt, werden »də raiftštiͤkkərchən = Reifstückchen« abgeschnitten und nicht mit auf den Kuchenteller gelegt. – Das Wort ist belegt mhd. ahd. reif (ringförmiges Band), im Germanischen ags. rāp (Seil), an. reip (Seil, Tau), gt. skaudaraip (Schuhriemen). »Weiter hinaus fehlen sichere Beziehungen« (Kluge/Mitzka). Wenn die Ergebnisse der Grundsprachenforschung zu Rate gezogen werden, stoßen wir auf lit. kreipti (wenden, kehren; richten, lenken), lett. kraiptît (krümmen, verziehen) aus ideur. +qrep (biegen, drehen), das nach vorgerm.-ideur. Lautverschiebung p>k ergeben hat gr. kríkos (Reifen, Ring; Armband, Halskette). Da die germ. Lautverschiebung k>h nicht nachweisbar ist, muß bereits die vorgerm.-ideur. Lautverschiebung k>h wirksam gewesen sein, bevor das Wort aus dem Nichtgerm. ins Germ. entlehnt worden ist. Das muß geschehen sein, ehe germanische Stämme nach Mitteldeutschland eingefallen sind, also bereits in der Bronzezeit. Da das Wort vermutlich vom Armring, Ohrring ausgegangen ist, kann es möglicherweise einen Hinweis auf die Schmiedekunst der mitteldeutschen Nichtgermanen geben.

Ringel (riͤngəl – M.) = ringförmiger Kuchen auf dem wagenradgroßen Kuchenblech. – *Ringel* (riͤngəl – M.) = mit Bleistift oder Farbe gezogener Kreis. – *ringeln* (riͤngəln – V.) = einen kreisförmigen Ring einschließlich von Rind und Bast von einer Weiden- oder Zidreenchenrute abziehen, damit eine Hubbe oder ein Hubbedreenchen angefertigt werden kann. Jede eine ringartige Form bildende Bewegung oder Färbung, deshalb auch Ringeltaube, Ringelnatter, Ringelblume. – *Ringerchen* (riͤngərchən – N.) = scheibenförmig geschnittene Semmeln im Räpskuchen. – Es ist das in der mitteldeutschen Grundsprache noch weit verbreitete Kringel, jedoch germanisch-lautverschoben k>h, zu nhd. Ring. Als Verkleinerungsform hierzu liegt es vor mhd. ringele, ahd. ringila (Ringelblume).

Röhrenkuchen (riərənkůχən – M.) = in der Ofenröhre gebackener flacher Kuchen, der oben und unten gleichmäßig abgeplattet, aber nicht größer als ein Abendbrotteller und etwa zehn Zentimeter hoch ist. Die älteren Bezeichnungen sind Kietz und Platz. – Das Wort »Rohr« steigt erst in deutscher Zeit aus einer Grundsprache auf und kann deshalb nicht etymologisiert werden: ahd. mhd. rōr, Ob gt. raus (Schilfstengel entsprechend gr. kálamys) hierhergestellt werden kann, ist fraglich. Denn sachlich ist Rohr/Röhricht etwas völlig anderes als ›Ofenröhre‹. Diese ist eher zu vergleichen mit ideur. +reu (auf-, herausreißen, aufwühlen) entsprechend skr. rilo (Mund), toch. A ru (öffnen), lat. ruere (aufreißen, wühlen, scharren), lit. rūsas (›Kartoffel‹grube). Aus dem urzeitlichen Ofen mit nur einem Abzug mußte ein Loch herausgewühlt werden, um eine Röhre zu bekommen.

Scheetkuchen (schētkūχən – M.) = nicht erst auf der Kuchen»schüssel« ausgewilgerter, sondern unmittelbar darauf »geschütteter« Teig aus bestem weißen Weizenmehl mit viel Eiern und Hirschhornsalz (nicht aber Hefe), der oft einen aus festerem Kuchenteig bestehenden Rand bekommen muß, damit er nicht herunterläuft.

schimmeligt (schëmməlnI̊ng – Adj.) = mit Schimmelstippen oder Schimmelputzen übersät. In der Gemeinsprache unbekanntes Mittelwort. »dr nåssə kůχən ës schůn ganz schëmməlnI̊ng = der nasse Kuchen (Obstkuchen usw.) ist schon ganz schimmeligt«, mit Schimmelputzen übersät. – *Schimmelstippen* (schëmməštibbən –M.) staubförmiger Überzug, meistens der Graugrüne Pinselschimmel, Penicillium glaucum, auf gekochten Früchten der Kolbenschimmel, Aspergillus, und andere verwandte Pilze. – Das von der Etymologie zur Bedeutung »schimmern, scheinen« gestellte Wort Schimmel ist vermutlich falsch gedeutet. Es gehört wohl zu dem nicht erklärbaren baltischen Wort lit. kémpė (Baum-, Bade-, Wasserschwamm; Zunder oder Feuerschwamm; Schimmel, Kahm) und dieses entsprechend gr. eyrṓs (Schimmel, Moder) aus ideur. +wer (bedecken, verhüllen) zum nichtnasalierten ideur. +(s)kep (bedecken) entsprechend gr. skepáō (bedecken, decken). Schimmel wäre danach also »das Bedeckende«, das zwar schimmern kann, es aber nicht unbedingt muß, da es ja auch bläulich-grauen Schimmel gibt.

Schmandkuchen (schmåndkůχən – M.) Rahmkuchen, jedoch mit *Schmand* (schmånd – M.) = fertiger Mörtel (die »Speise«) der Maurer. – Das nur unvollkommen etymologisierte Wort ist das gleiche wie Schmalz, schmelzen (auslassen, zergehen lassen, fließen machen) aus ideur. +(s)meld als Wurzelerweiterung aus ideur. +mel (zerreiben) nach nichtgerm.-ideur. Lautverschiebung l>n. Es steigt in dieser Lautform erstmalig aus einer Grundsprache auf 1425 nd. smant (Rahm, Sahne), ist jedoch weder niederdeutsch, noch aus einer slawischen Sprache entlehnt, sondern bodenständig.

Schmierkuchen (schmearkůxən – M.) = Sammelbezeichnung für alle Arten von »nassem« Kuchen. – Das in den verschiedensten Bedeutungen vorliegende Wort gehört unmittelbar zu ideur. +(s)mer (schmieren), das beispielsweise nach nichtgerm.-ideur. Lautverschiebung r>l lit. smélti (sich beschmutzen, beschmieren) geworden ist. Es ist belegt in der hier vorliegenden Bedeutung mhd. smirn, smirwen, ahd. smirwen und im Germanischen ags. smierwan an. smyrva, smyrja (bestreichen, salben).

Stein (štain – M.) = kreisrunde völlig ebene Eisenplatte im Durchmesser von etwa dreißig Zentimeter und einem niedrigen Rand von nur etwa einem halben Zentimeter. – *Steinkuchen* (štainkůxən – M.) = eine Art Schaffenkuchen mit nur einem Ei, aber mehr Mehl, weder Hefe noch Hirschhornsalz. Der Stein wird nur mit einer Speckschwarte eingefettet und nicht mit Öl bestrichen. Wenn eine Seite braungebacken ist, wird der Steinkuchen mit der Schwinge auf die andere Seite herumgeschwenkt. Steinkuchen scheint die älteste Kuchenform zu sein, die auf dem inmitten des Feuers liegenden Stein gebacken worden ist. – Das Wort ist gemeingermanisch. Lautlich kommt ihm am nächsten gr. stīon (Kiesel), so daß die nichtgerm. Lautform ähnlich gewesen sein mag; jedoch könnte das untergehende Eigenschaftswort gsp. štēnnərn (steinern) auch auf urzeitliches +štēn verweisen.

Stietzel (štītsəl – M.) = brotlaibartiger Kuchen. Es ist der gleiche Kuchen, der als mhd. strutzel, strützel belegt ist, den Weigand (sicher falsch) zu »Strauß« stellen möchte. – Unser Stietzel ist offensichtlich Verkleinerungsform zu »Stuten«, das ist in einigen Teilen Norddeutschlands ein längliches Weißbrot. Den Namen soll es bekommen haben von mnd. stūt (dicker Teil des Oberschenkels) zu Steiß.

Stippe (štibbən – M.) = nur noch enthalten in Schimmelstippen, das öfter Butzen genannt wird. – *stippig* (stibbj –Adj.) = mit Stockflecken. – Das Wort ist zwar im »Duden« aufgeführt, wird aber ohne nähere Klärung zu »steppen« gestellt und auf ideur. +stip, +stib (Stecken) zurückgeführt. Unserm Wort liegt jedoch zugrunde ideur. +stig (stechen) entsprechend gr. stīgma (Stich, Punkt, Tüpfel), stigmē (Punkt, Pünktchen, Tüpfelchen). In unserm Wort ist die nichtgerm.-ideur. Lautverschiebung g>b wirksam geworden, also »Schimmelstibben« in der Lautung der Grundsprache. In der Gemeinsprache ist völlig ungerechtfertigt oberdeutsch b>p eingesetzt worden.

Stremel (štrāməl – M.) = Streifen Kuchen, Gebinde Garn, Strähne Haar. »gëbb miͤch əmōl ënn ordnliͤchən štrāməl kůχən = gib mir (mich!) einmal (das heißt »bitte!«) einen ordentlichen Stremel Kuchen!« Das Wort ist belegt mhd. strimel, ahd. strimil, strimilo (Streifen) aus ideur. +sterə (ausbreiten).

Talkerchen (tåləkəchən –N.) eine Art Röhrenkuchen, -kietz, -platz aus geringwertigem Weizen- oder früher nur Gerstenmehl, der nur ohne Hefe oder ein anderes Triebmittel gebacken wurde. Er war für unsern Geschmack nur nach Aufstrich von Mus oder Saft genießbar. – Das nur in mittelhochdeutscher Zeit aus einer Grundsprache »aufgestiegene«, inzwischen aber wieder untergegangene Wort, mhd. talke (talkenkorn), heute nicht mehr erklärbar, gehört unmittelbar zu kymr. talch aus urkelt. +talko (zerstampftes Getreide), ist damit aber kein keltisches Wort, sondern hat sich in seiner ursprünglichen Bedeutung lediglich in einer keltischen Sprache (lautverschoben k>ch) erhalten. Denn lit. talákna (schlechte Grütze, dünnflüssiger Brei) aus wruss. tolokno (in kaltem Wasser zubereitete Speise aus Hafermehl), russ. toloknó (Haferbrei, gestoßenes Hafermehl) aus ideur. +talk (zerstoßen, stampfen, zerschlagen) weist auf indogerm. Herkunft. Das beweist auch die in der md. Grundsprache ablautende Form gsp. duləkən (sitzengebliebener Kuchen, etwa mit Wasserstreifen). Es darf wohl mit Recht angenommen werden, daß es sich bei diesem Gebäck um ein ältestes urzeitliches Kultgebäck handelt, das nur bei Kulthandlungen oder bei den anschließenden Feiern verzehrt wurde.

Zwiebelkuchen (ziͤppəlkůχən – M.) = früher nur aus Roggenmehl, heute auch aus Weizenmehl gebackener Hefeteigkuchen. – Das Lehnwort lat. cēpa (Zwiebel), entlehnt aus dem unerklärbaren gr. +kēpe (aber wohl zu gr. kēpos = Garten gehörend), Verkleinerungsform lat. cēpulla hat ahd. cibolla, mhd. zibolle, zibel ergeben und hat sich erhalten auch in thür. zippel.

Bäuerliche Ess- und Trinksitten

Das erste Frühstück hat früher vermutlich allgemein »Morgensuppe« geheißen, heute sagt man, man wolle »Kaffee trinken« und meint mit diesem Ausdruck das erste Frühstück. Meistens gibt es auch in reicheren Bauernhäusern nur Malzkaffee mit Milch. Dazu wird im »Kuchenlande« Thüringen meistens »trockener«, mit Gries bestreuter Kuchen gegessen, von manchen Bauern auch ein Wurstfett»fladen«. Noch bis zum Beginn des zwanzigsten Jahrhunderts wurde für den Kaffee die Gerste vielfach selbst gebrannt; hier und da verwendete man auch Erbsen.

Ein zweites Frühstück wird durchweg nur im Sommer und an arbeitsreichen Tagen vorgesetzt, so früher beim Dreschen und selbstverständlich beim Schweineschlachten. Nur diese zweite Mahlzeit wird als »Frühstück« bezeichnet: »meï wůnn frīštͤikk måx = wir wollen Frühstück machen«. Man aß noch zu Beginn des zwanzigsten Jahrhunderts Brot mit Butter, Brot mit Wurst oder Schinken oder Speck, Brot mit Käse, auch Brot mit Fett. Dazu ging vielfach ein Gläschen mit »Nordhäuser« reihum, aber Kaffee wurde nur in Ausnahmefällen beigegeben. In der Flarchheimer/Kammerforster Gemarkung stand bis zum Zweiten Weltkrieg der Stumpf der Frühstücks- oder auch Schnapseiche unmittelbar an der Weiterführung der ost/westlich ziehenden Halsstraße »im Lindig«, an dem die Fernfuhrleute zu frühstücken pflegten. Der Name war allgemein bekannt, aber der Fernweg wurde mit dem Bau der Straße über die Struppeiche weil allzu beschwerlich nicht mehr benutzt.

Das Mittagessen – in der Woche meistens Suppe oder Eintopf – wird durchweg genau um 12.00 Uhr eingenommen. Solange noch längst nicht jeder Bauer eine Taschenuhr besaß, wurde um 11.00 Uhr »gestimmt«, das heißt neunmal die große Kirchenglocke angeschlagen. Das war das Zeichen für den Bauern bei der Arbeit im Feld, zum Mittagessen nach Hause zu kommen. Soviel ich mich entsinne, war dies bis zum Ersten Weltkrieg üblich. Das »Stimmen« besorgte abwechselnd ein Konfirmand, und zwar nur die Jungen. Die Mittagsstätte im Tiefen Loch unmittelbar am Bunntal hat ihren Namen von dem Brauch, daß sich an dieser Stelle die Waldarbeiter und Hirten zum Mittagessen trafen. Es ist beachtlich, daß man in Flarchheim Mettȧisbruət sagt, in der stärker germanisch besiedelten Vogtei Dorla jedoch Mͤidåjəsbruət und neuerdings Mͤiduaksbruət. Dort wird es vielfach auch schon mit dem Nachmittagskaffee zusammengelegt.

Das Drei(uhr)brot ist allgemein üblich. Dabei gibt es durchweg nur Kaffee und Kuchen, und da es vielfach einfacher »trockener« Kuchen ist und dieser sättigen soll, wird weder darauf geachtet, daß die einzelnen Stremel geitsam oder sogar »goatsåm«, noch daß sie gatlich sind. Ist der Kaffee allzu miserabel im Geschmack, dann wird gefragt, was die Hausfrau denn für einen Britsch gekocht habe. Dünner Kaffee ist »ënnə lorkən = eine Lurke«, und lauwarmer Kaffee wird als »lotsch = Latsch« beschimpft. Wer satt ist und keinen Kaffee mehr trinken wollte, der stülpte noch zu Beginn des zwanzigsten Jahrhunderts die Obertasse um. Wurde er zum Weitertrinken aufgefordert, dann lehnte er es mit den Worten »i̊ch hån s gədůnn = ich habe es getan« ab. Bei sommerlicher Feldarbeit gilt das Drei(uhr)brot oder Vesper als willkommene und oft herbeigesehnte Arbeitsunterbrechung. Dazu wurde nachmittags 15 Uhr die mittlere Glocke zum Zeichen der Vesper geläutet. In meiner Jugend sprach man noch allgemein vom Sumbrot, was allgemein fälschlich als »zum Brot« verstanden wurde, dem jedoch das Griechische sȳma (Vesper) entspricht.

Der westthüringische Bauer spricht nicht vom Abendbrot, sondern vom »noaχtbruət = Nachtbrot«. Er ißt Brot und Schlachtwaren oder verschiedene Käse, neuerdings auch auf Butterbrot. Auch Kartoffeln und Hering waren meistens dem Nachtbrot vorbehalten. Im arbeitsreichen Sommer wird hier und da abends eine warme Mahlzeit eingenommen. Wenn zum Abendsbrot etwas getrunken wird, dann meistens ein Tee aus selbstgesuchten Kräutern. Besonders in arbeitsreichen Jahreszeiten wird um 22.00 Uhr noch einmal Kaffee getrunken und Kuchen dazu gegessen. Der Name Hanewackel ist nur der gleichen letzten Mahlzeit bei Spinn- und Spellstuben, an hohen Festtagen und zum häuslichen Schlachtfest vorbehalten. Dann aber wird – mit Ausnahme des Schlachtfest-Hanewackels und an Festtagen – betont einfach gegessen. Den Frauen wird Kaffee und Kuchen, zu Beginn des zwanzigsten Jahrhunderts noch »einfacher« Kuchen mit Mus oder Saft oder auch Brot und Fett vorgesetzt, den Männern Brot und Fett oder Butter oder Käse und »Nordhäuser« Korn.

Ganz allgemein gilt, daß der westthüringische Bauer bei schönem Wetter gern hussen/drussen ißt, bei schlechtem Wetter jedoch hinne/drinne. Die Aufforderung zum Essen ist schlicht und einfach »meï wůnn aß = wir wollen essen«, und wird der Aufforderung nicht sogleich gefolgt, dann wird wohl auch gemahnt »rån əmōl = heran einmal!« Dieses »hussen/drussen« ist vielfach nur irgendein Plätzchen auf der Hoferaite oder der Miste, nicht aber der

Garten oder das Heefchen. Dort ist ein überzähliger oder altersschwacher Tisch aufgestellt, und auch die Sitzgelegenheiten sind entsprechend.

In der Woche ißt der Bauer meistens Suppen, da die Bäuerin nicht weniger in den Arbeitsprozeß eingespannt ist als der Bauer selbst. Im allgemeinen gilt dabei

důnnərschdoag ës flaischdoag

Donnerstag ist Fleischtag

zusätzlich natürlich der Sonntag, und mit Ausnahme der Wochen nach dem Hausschlachten.

Ist die Suppe schlecht, dann wird sie als »martən = Märte« bezeichnet, ein an die früher an heißen Sommertagen gern gegessene Biermärte erinnerndes Wort. Allzu dicke Suppen werden Stampf oder auch Pfrumpf genannt; dicke Hülsenfruchtsuppen sind ein Pamps. Schmeckt die Suppe nicht wie erwartet und gewünscht, dann wird ununterbrochen gefuddert (in der Vogtei Dorla: gefudert) und wohl spitz gefragt: »wås häst an ferr n froß gəkoxt = was hast (du) denn für einen Fraß gekocht?« Das ist oft dann der Fall, wenn die Hülsenfrüchte priede schmecken oder »rånzəniͤngəs (Vogtei: rånziͤjəs) = ranziges« Suppenfett verwendet worden ist. Dann hilft oft »ënn fatsən bruət = ein Fatzen Brot« oder es genügt auch schon ein Fitz. Kann sich die Hausfrau der Sticheleien nicht erwehren, dann empfiehlt sie wohl gekränkt: »do fraßt lāmpriətən = da freßt Lampreten« (weil es sie nämlich im bäuerlichen Haushalt nicht gibt).

Ist das Essen wohlschmeckend und vorzüglich zubereitet, dann »wërd īngəhåimən = wird eingehauen«, und hinterher brüstet sich mancher mit der Erklärung »iͤch hån abər īngəhåimən = ich habe aber eingehauen!« Das ist oft so unschön, daß von ihm gesagt wird, »ha štopft bis nischt miə nīngiͤtt = er stopft bis nichts mehr hineingeht«. Ein solcher Esser hat dann etwa Mehlklöße »nīngədriət = hineingedreht« bis der Bauch »gəbåmstə vůll = gebambste voll« ist und er befriedigt feststellen kann: »iͤch hån miͤch abər bədůnn = ich habe mich aber betan!« Die Hausfrau schüttelt dann womöglich den Kopf und denkt sich: »kånn dār abər īngəhokk = kann der aber einhucken (eingehucke)!« Sie sieht aber gern, wenn tüchtig zugelangt wird, denn dann kann sie stolz erklären: »s hån mordsmaßiͤj gəgassən = sie haben mordsmäßig gegessen« (es hat ihnen also geschmeckt).

Ist aber jemand mehr als ein nur tüchtiger Esser, dann heißt es »dar friͤßt wī ënn schëffəldraschər = der frißt wie ein Scheffeldrescher« (in der Vogtei: wie ein Scheunendrescher). So ein Mensch ist »fraßniͤng = gefräßig« und von ihm wird heimlich gesagt »ha kånn dn råxən nᵉich vůll gənůng gəkrī = er kann den Rachen nicht voll genug kriegen (gekriege!)«. Handelt es sich aber um ein Getränk, dann wird stattdessen gesagt: »dar kånn dn schlůnk nᵉich vůll gənůg gəkrī = der kann den Schlund (Schlunk!) nicht voll genug kriegen (gekriege!).«

Mißbilligend gilt ein unappetitliches Essen. Wer gierig ist, von dem wird gesagt, »ha schlåppt wī ënn schwīn = er schlappt wie ein Schwein«. Wer aber schmatzend oder schlürfend und leckend ißt, der lappt wie Hund – oder er lerkt auch. Wer gemächlich ißt und mit vollen Backen kaut, der muffelt. Alte Leute jedoch, die keine Zähne mehr besaßen, mummelten wie ein Hase, der ja deshalb »Můmməlmånn« genannt wird.

Andere wieder sind kiersch, sie sind wählerisch im Essen; sie sind ein Giermaul oder auch ein Schmeckschnusen. Sie kneinschen und drehen jeden Bissen zehnmal im Munde herum, weshalb von ihnen gesagt wird, sie »kauten hochbeinig«. Derartige Esser sind »ënn kliəmainzər = ein Clemenzer«. Wenn sie »maren = mären«, also ein Gemär oder eine Märerei machen und ewig nicht fertig werden, dann wird wohl gefragt

du lᵉiwəs keïnd, wås ës mët dᵉich?
du ᵉißt mᵉich nᵉich – du trᵉinkst mᵉich nᵉich ...
du bist mᵉich dåx nᵉich krånk?
du ißt (mir) nicht – du trinkst (mir) nicht ...
du bist (mir) doch nicht krank?

In einigen Familien war es noch zu Beginn des zwanzigsten Jahrhunderts üblich, daß alle gemeinsam aus der Schüssel aßen. In anderen waren schon seit der Mitte des neunzehnten Jahrhunderts bunte Tonteller im Gebrauch, auf die mit der »schäpfkëllən = Schöpfkelle« aufgetischt wurde. Mancher Esser versuchte dann einen möglichst großen Flatsch Fleisch zu erwischen, und war dies gelungen, dann verkündete er wohl stolz: »ᵉich hån abər ënn schåpf gədůnn = ich habe aber einen Schapf getan!« Wer besonders hungrig ist und nicht zu kurz kommen will, der versucht einen möglichst »gruəßə fūr ůffzəwëmmən = große Fuhre aufzuwemmen«. Er macht seinen Teller »gəschwubbtə vůll = geschwubbte voll«. Andere jedoch nehmen nur ein Klatschchen.

Sonntags gibt es im westthüringischen Bauernhaus Braten oder auch das übliche bessere Sonntagsessen. Da jeder »sin sůindoagsštåt = seinen Sonntagsstaat« angezogen hat, benötigt natürlich mancher eine »sålviətən = Serviette«. Dann wird aber ordentlich geschmammelt und solange gespachtelt, bis alles »mët rupp ůn štrupp = mit Rupp und Stupp« alle, also »verputzt« ist. Bratentunke wird vielfach mit Brotstückchen gedischelt, und sollte etwas auf den Tisch gelaufen sein, dann wird es »ůffgəditscht = aufgeditscht«. Ältere Leute nehmen vielfach statt der Kartoffeln lieber Brot, das sie »īnbrokkən = einbrocken«, sie machen einen Einbrock. Tut die Hausfrau die Zutaten selbst auf, dann heißt es wohl »måx miͤch nuər ënn riͤchtjəs gəschēt = mache mir nur ein richtiges Gescheet«, aber Wenigesser erklären, es sei schon »soatgənůnk = sattgenug«. Hinterher stellt sich dann heraus, daß mancher gekleckert hat, weshalb er als Kleckerfrieder beschimpft wird.

Bauernarbeit macht durstig, und mancher kommt mit einem richtigen »barndorscht = Barndurst« an den Tisch. Deshalb steht vielfach irgendein Getränk oder auch nur kalter Kaffee bereit. Dann heißt es oft: »schënk əmōl īn! iͤch hån ënn brānd, də zůngən hängt miͤch zům hålsə rūs = schenke einmal ein! ich habe einen Brand, die Zunge hängt mir (mich!) zum Halse heraus«. Wer aber erhitzt ist, der soll vor allem nicht »gizzj = geizig« trinken. Schlürft er, dann heißt es heute »schlůrf niͤch suə = schlürfe nicht so«, aber vor nicht allzu langer Zeit noch »lerk niͤch suə = lerke nicht so!«

Ist »obbgəfiͤttərt = abgefüttert«, dann wird der Tisch »obbgərīmt = abgeräumt«. Dabei ergibt sich, daß mancher georzt hat. Vorher wird oft gefragt »sit an soat = seid (ihr) denn satt?« Wenn jemand besonders viel gegessen hat, dann wird von ihm gesagt: »dān trait də kåtz dn måin niͤch fůrt = dem trägt die Katze den Magen nicht fort.«

Die Mahlzeiten aus fester Nahrung sind weitgehend auf das zweite Frühstück und das Abendbrot eingeschränkt. Sie wurden früher – und werden teilweise auch noch heute, besonders das zweite Frühstück während der Feldarbeit – »uff dr fußt = auf der Faust« eingenommen. Dabei gilt es unanständig, etwa Wurst »iddəl = eitel« zu essen, wie selbstverständlich auch eitel Brot nicht gegessen wird. Man streicht sich einen Fladen, dakt aber Butter nicht übermäßig auf – und wenn dazu möglicherweise auch noch Wurst oder Käse aufgelegt wird, dann denkt die Hausfrau wohl, »dar niͤmmt abər veal zůgəbriətj = der nimmt aber viel Zugebrötig«. Einem Tüncher sagte die Frau des Pastors beim Frühstück, als dieser allzu stark Butter aufkleibte: »Sie können aber gut kleibern«. Aber der Kleiber (Tüncher) verstand das falsch und erklärte: »Je, driͤm kriͤnn miͤch jə åi də līt = ja, darum kriegen (bestellen) mich ja auch die Leute.« Gibt es beim Frühstück oder Abendbrot gekochte Eier, dann werden die gern gegeneinander gedippert.

Ins Feld wird gern eine »bammən = Bemme« mitgenommen, und ebenfalls bekommen die Schulkinder eine solche mit. Beim Verzehren von Brot und Zubrot soll aber nicht unappetitlich am Brot, an Schinken oder Wurst oder Speck gekaibert werden.

Wird ein Vorübergehender oder ein plötzlich eintretender Besuch zum Mittagessen eingeladen, dann wird gesagt: »kůmm, kniͤffəl ënn biͤßchən mët ůns = komm, kniffele ein bißchen mit uns!« Es wird auch aufgefordert, einen Happen, ein Häppchen, ein Flitterchen, ein Biffchen, ein Scheibchen oder ein Bröckchen mitzuessen.

Wenn bei Spinn- oder Spellstuben der Hanewackel vorgesetzt wird, dann heißt es allgemein: »nůn lott ůx niͤch oanrai = nun laßt euch nicht anregen!« Und wird nur zögernd zugelangt, dann wird aufgefordert: »nāmt, deï borsch; aßt, deï māchən = nehmt, ihr Burschen; eßt, ihr Mädchen!« Und dann: »aßt wiͤniͤjstəns nåx ënn niͤppərchən = eßt wenigstens noch ein Nipperchen!« oder auch »schmĕkkt s ůx an niͤch = schmeckt es euch denn nicht?»

Kommt ein Gast, wenn bereits abgegessen worden ist, dann wird er mit der Stehenden Redensart empfangen: »du kiͤmmst åi, wënn s kërmsə gəwāst ës = du kommst auch, wenn es Kirmse gewesen ist (gewest!).«

Der Gast grüßt aber nicht mit Guten Tag usw., sondern mit der Frage »schmĕkkt s an = schmeckt es denn?«, und die Antwort lautet: »dr hůngər trībt s nīn = der Hunger treibt es hinein.«

Lehnt der Gast die Einladung ab, dann wird ihm geantwortet: »war niͤch wëll, da hät = wer nicht will, der hat!«

Ist der Eingeladene besonders dürr, dann wird ihm wohl auch geantwortet: »ënn blədər hůind wërd saltən fatt = ein blöder Hund wird selten fett«, wer übermäßig schüchtern ist, kommt zu nichts.

Und ist ein solcher Dürrlapper jung verheiratet, dann wird ihm auch anzüglich, wenn in diesem Zusammenhang auch nicht passend, geantwortet: »ënn gůtər hoan wërd salten fatt = ein guter Hahn wird selten fett.«

Greift der Gast aber zu und das Messer ist stumpf, dann schilt er: »mët dān gigger (Vogtei: jigger) kåst də bis Drasdən gərīt = mit dem Gigger kannst du bis Dresden reiten (gereite!)«. Das Gebiet gehörte bis 1815 zu Kursachsen.

Hat ein Kind mehr auf den Teller genommen als es zu essen vermag, dann wird erklärt, »sinnə åimən woarən gressər wī dr måin = seine Augen waren größer als (wie!) der Magen.«

Zu seiner eigenen Familie sagt der Hausvater, und es wird ihm nicht etwa von anderen Leuten vorgehalten oder gar empfohlen: »war kainə zwai hissər hät, dar kånn åi nĭch zwaiərlai ůffs bruət gəgaß = wer keine zwei Häuser hat, der kann auch nicht zweierlei aufs Brot essen (gegesse!).«

Der allgemein bekannte Ausdruck »Essen und Trinken hält Arme und Beine zusammen« ist als »assən ůn trĭnkən hält ormən ůn bainə zəsåmmən« in allen westthüringischen Bauernfamilien gebräuchlich.

anregen (oanraiən – V.) = Zugtiere anspornen. Siehe »Ackermann« Seite 67.

aufwämmen (ůffwämmən – V.) = stark zuschlagen, »du häst awər ůffgəwëmmt = du hast aber aufgewemmt«, den Eßteller voll geladen.

Barndurst (barndorscht – M.) = so großen Durst, daß man eine Futterkrippe, ënne barn (ahd. barno, mhd. barne) austrinken könnte.

Bemme (bammən – F.) = zwei bestrichene oder belegte aufeinanderliegende Brotscheiben: Fettbemme, Butterbemme, Wurstfladenbemme. Die Gleichsetzung Kluge-Götze's mit Fladen ist falsch, da dieser stets nur aus einer einzigen Scheibe besteht, die Bemme jedoch immer aus zwei. – Die Etymologie stellt die Bezeichnung zu wend. poln. pomazka (Butterschnitte). Da dies sachlich jedoch eher mit gsp. flåden übereinstimmt, möge man Zusammenhang mit gr. pémma (Backwerk, Gebäck, vor allem Opferfladen) erwägen. Das Wort wird zwar zu gr. péssō (kochen, sieden, backen) gestellt, gehört aber wohl eher zu gr. pempázō (zählen) und würde damit auch der Tatsache gerecht, daß eine Bemme die Zweizahl der Fladen meint.

Britsch (brĭtsch – M.) = Möhrenkaffee, auch schlechter Bohnenkaffee. Lat. frīgo (rösten, am Feuer dörren) aus ideur. +bhresg (rösten) nach Lautverschiebung bh>b.

daken (dakən –V.) = schmieren. Siehe »Ackermann« Seite 202.

dippern (dĭppərn –V.) = aneinanderstoßen, vgl. »Lebensfeste« Seiten 95 f.

discheln (dischəln –V.) = auftunken, austupfen. »dischəl də fånn ūs = dischele, tunke die Pfanne aus«. Siehe »Mit unserer Sprache« Seite 191.

einhucken (īnhūckən –V.) = sich aufladen, eine Hucke voll. Siehe »Ackermann« Seiten 98 f.

Fitterchen = Stückchen, ebd.

Fitz (fitzs – M.) = Stückchen, siehe »Ackermann« Seiten 203 f.

fooschen = (fōschən – V.) = Schlecken, Naschen, mit Wohlbehagen speisen. – Ausgang dieses Grundsprachenwortes ist ganz offensichtlich ideur. +pat (essen, nähren, essen lassen), im Griechischen daraus entwickelt gr. patéomai (essen, sich nähren, verzehren; kosten, genießen). Und nun ist bedeutsam, daß sich aus der gleichen Wurzel entwickelt haben lat. pāscō (weide, füttere...ergötzen) und im Germ. gt. fōdjan (ernähren, mästen), ags. fōdor, an. fōdhr (tierische Nahrung), im Deutschen ahd. fuotar, mhd. vuoter (Mast, Futter) und großes Zubehör. Einerseits steht im Griechischen die menschliche, in den anderen beiden Sprachfamilien die tierische Ernährung als unmittelbare Weiterbildung. Unser Grundsprachenwort schließt unmittelbar an die gr. Lautform und Bedeutung an, so daß im Vorgermanischen das Essen ähnlich bezeichnet gewesen zu sein scheint, nur daß schließlich aus einem vorerst nicht feststellbaren Grunde die Lautverschiebung t>s, š eingetreten ist. Als dann seit Überlagerung durch germanische Stämme um 250 vZtr. (Westthüringen!) das Alltagswort »essen« alle Sonderungen überwucherte, wurde zwar gsp. fōschən beibehalten, erlangte jedoch eine ganz wesentliche Bedeutungserhöhung in Richtung des ganz besonders Guten und Köstlichen. – Der Etymologe wird sagen, hier sei ja die germ. Lautverschiebung p>f eingetreten, und also wäre dies ein zwar nirgends belegtes, aber doch germanisches Wort. Das jedoch stimmt nicht, wie schon der Lautverschiebung t>s,š entnommen werden kann, die ja keineswegs mit der Oberdeutschen gleichgesetzt werden vermag.

Gescheet (gəschēt – N.) = umfangreiches Mahl, besonders vom reichhaltigen Essen beim Schweineschlachten (mit Wellfleisch, Leber u.a. gesagt).

Hanewackel (hånəwåkkəl – M.) = letztes Abendessen nach Beendigung der dörflichen Spinn- und Spellstuben, an hohen Festtagen und hier besonders zur Kirmse, das gegen 22 Uhr gegeben wird. Der Hanewackel bestand im ersten Drittel des neunzehnten Jahrhunderts, wie Erzählungen der Großeltern zu entnehmen war, zuzeiten der Lebensmittelverknappung nur aus rohen Fuschen (eingesäuerte zu lockere Weißkrautköpfe) mit geschnittenen Zwiebeln, noch zu Beginn des zwanzigsten Jahrhunderts aus Brot und Butter, Brot und Käse, Brot und Fett, Brot und Rübensaft (aber nicht etwa Butterbrot mit Käse usw.). Heute wird zu Kaffee meistens Kuchen vorgesetzt oder auch belegte Brote. Das in arbeitsreichen Sommer- und Herbstmonaten hier und da noch heute um 22 Uhr übliche letzte Abendessen mit Kaffee und Kuchen setzt zwar diese Sitte fort, wird aber nicht mehr als Hanewackel bezeichnet. – Das im volkskundlichen Schrifttum ab und zu auftauchende Wort wird nirgends richtig verstanden und sogar völlig unsinnig als Bezeichnung des zweiten Frühstücks genommen, mit dem es jedoch nicht das geringste zu tun hat. Der erste Wortteil vergleicht sich laut- und bedeutungsgleich mit gr. hanō (ein Ende bereiten, verzehren; zu Ende gehen), der zweite Wortteil mit lit. vakarìnė (Abendmahlzeit, Abendessen). Der Sinn des Wortes ist also »letzte Abendmahlzeit«, und das wird ja wohl niemand zu bezweifeln versuchen. Sprachlich ist nachweislich des baltischen Belegs die Lautverschiebung r>l eingetreten.

iddel (iddəl) = eitel, im Sinne von für sich, nichts als, nur (allein)

kiersch (kiərsch – Adj.) = wählerisch im Essen. gt. kiūsan (schmecken, kosten), ahd. chiosan, mhd. kiesen (prüfen, wählen). Durch Lautverschiebung s>r ahd. kuri, mhd. küre, nhd. küren = wählen, erwählen. Gsp. kiersch (körsch) ist die endrundete Wortform. Vgl. »Tiere auf dem Bauernhof« Seite 35.

knainschen (knainschən – V.) = schimpfen, meckern.

Lamprete Fischart, Neunauge (Petromyzon marinus).

Lurke (lorkən – F.) = dünner Bohnenkaffee. Wohl abgeleitet von lat. lōra, ahd. lura, mhd. lure (mit Wasser aufgegossener Wein).

lotsch (låtschj – Adj.) = latschig, fade; gt. lats (lässig, träge) aus ideur. +lad (lassen) und wurde vom menschlichen Tun auf die Eigenschaft übertragen.

mären (miərən –V.) = durcheinander mischen, dazu lit. marrá (Mischmasch). Das Wort ist seit 1429 im Schrifttum belegt, es geht zurück auf ideur. +mar (reiben, zermalmen). Märte = Mischmasch.

orzen (orzən – V.) = Speise übriglassen, dazu ags. orettan, aber ahd., mhd. und in der Gemeinsprache kaum mehr gebräuchlich.

Pfrumpf (pfrůmpf – M.) = dicke Suppe aus Kartoffeln, Gemüse oder anderen Zutaten.

priede (priədə – Adj.) = unrein im Geschmack, mit beißendem Nachgeschmack, ein ideur. vorgerm. Wort, das in lit. priēdas (Zutat), prídēlis (Beilage) genaue Entsprechungen hat.

Schapf (schåpf – M.) = Schapf. Eigentlich ein kleines Gefäß zum Herausnehmen der Suppe, übertragen auf das Herausgenommene. Vgl. lat. capere (nehmen, fassen), zurückgehend auf ideur. +kap (fassen, ergreifen), dazu auch gr. kápē (kleiner Bissen) mit Lautverschiebung k>s. Siehe »Mit unserer Sprache« Seiten 155 f.

schmammeln (šmåmməln – V.) behaglich, genußsam schmausen.

spachteln (špåchtəln – V.) = mit Wohlbehagen viel schmausen, dazu gr. spataláō (schwelgen). Siehe »Lebensfeste« Seite 84.

Der Lein und die Flachsbereitung

Bereits in der Jüngeren Steinzeit zwischen 4.000 und 1.000 vZtr. ist der Anbau von Lein nachgewiesen; er gehört damit zu den ältesten mitteleuropäischen Kulturpflanzen. Noch am Ende des zwanzigsten Jahrhunderts baute bei uns jede Familie ihren eigenen Lein an, um einerseits den Leinsamen (līn) und andererseits die Flachsfasern (flåkks) zu gewinnen. Verschiedentlich waren noch bis zum ersten Weltkrieg die blaßblau blühenden Leinfelder zu sehen. Angebaut wurde der Dresch- oder Schließlein mit besserem Leinertrag und geschlossenen Fruchtkapseln und der Spring- oder Klanglein mit höherem Leinsamenertrag und offenen Fruchtkapseln. Von noch nicht überreifen Leinsamen wurde in der Ölmühle früher in Flarchheim, zuletzt nur noch in der Untermühle bei Nazza das im Haushalt benötigte Leinöl geschlagen; die gepreßten Rückstände ergeben den Leinkuchen, der besonders Kühen in Wasser aufgeweicht gegeben wird. Ein schleimiger Leintee gilt als Abführmittel und zur Behebung von Wurmkrankheiten; gekochter zerstoßener Leinsamen wird als Umschlag auf Geschwülste, entzündete Geschwüre und selbst Wunden gelegt. Saugkälber erhalten Leinsamenschleim bei Durchfall statt der Muttermilch. Die zubereiteten Flachsfasern wurden versponnen und entweder selbst oder vom Dorfweber zu Linnen (linn) oder Beiderwand (baidərmånnstůch) verwebt. Und selbst die Abfälle – Fruchtkapseln (knůttən), Schemen (scheamən) Werg (wärg) wurden sorgfältig aufgehoben und zu verschiedenen Zwecken verwendet.

Daß der Lein gut wachse und möglichst hoch werde, hatten schon zu Hohneujahr (Heilige drei Könige) am 6. Januar die Kinder gewünscht, indem sie mit einer Spanschachtel voller Leinsamen in die Häuser der Verwandten und Nachbarn gingen, in der Haus- oder Stubentür einige Körner fallen ließen und mit über den Kopf erhobener Rechten riefen:

suə huəch såll ůiwər flåkks wār
so hoch soll euer Flachs werden

Dafür bekamen sie irgendeine kleine Gabe, früher einen Dreier oder einen Sechser und die Zusicherung, zu Ostern sollten sie sich dafür »ën ruət ai = ein Osterei« holen. In Oberdorla wurde zu Pfingsten ein grüner Buschen aus dem Laubmantel des Schoßmeiers in das Leinfeld gesteckt, was das Wachstum fördern sollte. Für das gute Gedeihen des Flachses wünschte man sich außerdem ein entsprechendes Wetter, denn es hieß:

Līchtmaß hall – måcht dn flåkks in dr Dall.
Līchtmaß triwər – måcht dn flåkks ůff dn iͤwər.

Das will heißen; wenn Lichtmeß (2. Februar) ein heller Tag ist, dann gedeiht der Flachs gut in der Delle, in der flachen Vertiefung. Ist Lichtmeß jedoch trübe (gesteigert: trüber), dann gedeiht er auf hochgelegenen Äckern. Dabei ist die Bezeichnung für Abhang (iͤwər) bildlich auf die Anhöhe übertragen worden.

Das Feld für die Aussaat mußte gut vorbereitet sein, weder zu naß noch zu trocken, der Boden gut gedüngt, besonders sorgfältig geackert und geeggt, alle Erdschollen krümelig und von jeglichem Unkraut befreit. An einem geeigneten, windstillen Tag konnte dann die Aussaat aus dem Sätuch (seiwətůch) breitwürfig und gleichmäßig beginnen. Dabei durfte kein Bums gelassen werden, weil sonst Disteln wachsen würden. Die Bäuerin hatte zu diesem Anlaß Kräpfel, Waffeln oder auf dem heißen Stein gebackene Küchlein mitgebracht, denn das sollte gutes Gelingen gewährleisten. Etwas anders war der Brauch in Oberdorla. Dort mußte der Leinsamen und mit ihm kalter schwarzer Kaffee, Stein-, Eisen-Waffelkuchen bereits ins Feld gebracht worden sein, ehe der Bauer selber eintraf. Der setzte sich an den Wegrand, trank seinen Kaffee und aß Waffelkuchen, denn das sollte möglichst häufige und langdauernde Bauchwinde entstehen lassen, was die Fruchtbarkeit fördern sollte – denn »lång gəforzt…gët långən Flåkks«.

Spätestens am 20. Juni sollte der Leinsamen in der Erde sein, und zu Peter und Paul (29. Juni) sollte er möglichst gleichmäßig bereits aufgegangen sein, denn

Piətər ůn Paiwəl
do můß dr līn waibəl

da muß er weibeln, das heißt sich im leichten Winde bewegen. Nun waren leichte »Leinregen (līnrainərchən)« erwünscht, damit er rasch wachse und möglichst hoch werde. Wurden die Knutten gelblich und waren von unten her die Leinstengel zu zwei Dritteln abgetrocknet, was ungefähr zwei bis drei Wochen nach dem Verblühen geschah, dann wurden alle Frauen der Verwandtschaft und der befreundeten Nachbarschaft zum Flachsraufen, zur Flachskirmse eingeladen. Die Samen und Pflanzen bis zu ihrer Reife werden als Lein bezeichnet, und die meisten indoeuropäischen Sprachen kennen einzig und allein nur dieses Wort. Erst von der Flachskirmse durch den gesamten Arbeitsgang bis zur gedrehten Lopfe spricht man von Flachs. Der einzelne Flachsstengel, ursprünglich der einzelnen Flachsfaser heißt Haar (herrn – F.). Durch ihr Verspinnen und das anschließende Flechten und späteres Weben ergibt Linnen, so daß die gleiche Bezeichnung Ausgangs- und Endpunkt aller Arbeitsgänge umschließt. Im Laufe der Zeit sind jedoch oft die einzelnen Begriffe durcheinander geraten oder verwechselt worden.

Die Flachskirmse war ein regelrechtes Fest auf dem Feld, später in der Scheune. Es ist jedoch zu vermuten, daß sich nur noch ein Brauchtumsrest erhalten hat. In einem Bericht aus dem Jahre 1672 (Superintendentur-Archiv) heißt es mißbilligend, die Nobilis d.h. der Dorfadel »seien bei der Flachsraufe sehr geschäftig« und führen ihn auf Wagen auch in die Scheune, aber in kirchlichen Dingen seien sie sehr nachlässig. Hier wird von der »Flachsraufe« gesprochen, doch allgemein gilt bei uns nur die »Flachskirmse«, von der allerdings nur noch wenig in Erinnerung geblieben ist. Von der jeweiligen Hausmutter wurden Kräpfel in vorjährigem Leinöl gebacken und mit Kaffee noch warm und knusprig aufs Feld getragen und dort unter Lachen und Scherzen gemeinsam verzehrt. Eigentlich war es ein Arbeitsfest der Frauen voller Lustigkeit und Übermut. So wurden in die Nähe des Feldes kommende junge Männer gefangen, mit Flachsstroh fest umwunden und als Vogelscheuchen aufs Feld gestellt oder ihnen wurden mit Flachsknutten die Backen rotgerieben.

Der Flachs wurde aus der Erde gerupft (gəropft) und leichtgekreuzt zu drei oder vier Hamfel – das war das Maß, um die geerntete Menge abschätzen zu können – übereinandergelegt. Dabei mußte beachtet werden, daß nicht eine einzige Härn (Flachsstengel) verlorenging, denn das galt als üble Undankbarkeit gegenüber den in der Natur wirkenden Kräften. Diese drei oder vier Hamfel wurden als Gans (gåns) bezeichnet. Zwei oder drei Gänse wurden mit Strohseilen zusammengebunden und ergaben eine Boße (buəßə). Nun erst durften die Männer tätig werden und die Boßen in die Scheune fahren. Von den Frauen wurden je zwei Boßen übereinander gestellt, daß die Wurzeln der unteren auf der Erde (ůff dn schinnearn = auf dem Scheunenern) und die der oberen in der Luft standen, damit noch anhaftende Erde des Wurzelwerks nicht die Stengel beschmutzte. Das setzte die Flachskirmse fort. Es dauerte oft bis spät in die Nacht und wurde selbst noch bei Mondenschein oder bei dusterem Schein einer Stallaterne beendet. Wieder durften sich vor allem junge Burschen nicht in der Nähe blicken lassen, weil ihnen sonst die Frauen übermütig harte Flachsstengel oder auch die kratzigen Samenkapseln (Knutten) in die Hosenbeine steckten. In früheren Zeiten war die Benutzung einer Stallaterne wegen Feuergefahr streng verboten. So heißt es in der Flarchheimer »Feld Braw undt Holz Ordtnung« vom 19.6.1588, mit dem das am Malstein verkündete Malbuch von 1579 erneuert wurde: »So soll niemandts in den stuben flachs derren, desgleichen bey lichte nicht brechen. Auch nechtlicher weile bey lichte Keinen flachs in den scheunen reffen laßen, bey strafe eines schockes«.

Die Vorbereitungen zum Raffen waren denkbar einfach. Am Eingang zur Tenne wurde der Scheunenschutz (schinnschůtz –M.), der etwa achtzig Zentimeter hohe Bretterschutz zum unteren Abschließen des Erns vom Hof oder der Hoferaite oder der Miste, flach auf Böcke gelegt. Zur gleichen Zeit wurde der Raffenbaum (raffənbåim – M.) im Innern der Tenne eingespannt, wenn dies nicht bereits vorher geschehen war. Er ist eine Fichtenstange von mindestens zwölf Zentimeter Durchmesser, die etwa zehn bis zwölf Zentimeter länger sein muß als die Tenne (schinnearn – M.) breit ist. An einer Säule der rechten oder linken Tennenwand (tënnəwänd – F.) ist ein viereckiges Zapfenloch eingearbeitet, in das der Raffenbaum eingeschoben wird; in einer genau gegenüber stehenden Säule befindet sich das »Schleifloch«, in das der Raffenbaum stramm hineingetrieben wird, damit er beim Raffen nicht wackelt. Nun werden die Raffenbüsche, meistens vier für einen Raffenbaum, eingeschoben. Der Raffenbusch (raffənbusch – M.) ist ein etwa dreißig Zentimeter langer Flacheisenstab, in den eine Reihe sehr engstehender bis zwanzig Zentimeter langer »Zähne (zeanə)« eingenietet und eingeschweißt ist. Die schmalen Enden des Flacheisenstabes sind umgewinkelt zu etwa zehn Zentimeter langen »Zapfen«, die in Löcher des Raffenbaumes eingeschlagen werden. Die »Zähne« oder Zinken, unten dicker und damit enger werdend, stehen so eng auseinander, daß beim Raffen die Fruchtkapseln (Knutten) nicht hindurchschlüpfen können, sondern abgerissen werden.

Beim Raffen stehen sich an jedem Raffenbusch oder Raffenkamm meistens zwei Frauen gegenüber. Jede bindet nun eine Boße (buəßən) auf und legt das Strohseil neben oder hinter sich. Sie nimmt soviel Flachs aus der Boße heraus, wie sie mit zwei Händen gut fassen kann. Die beiden am Raffenbusch sich gegenüberstehenden Frauen schlagen den Flachs im Takt so oft in die Zähne und reißen ihn gegen sich durch, bis alle Fruchtkapseln abgestreift sind. Auf das beiseite gelegte Strohseil wird solange fertiggerafftter Flachs gelegt, bis es voll ist. Offen oder zugebunden wird es den am als Tisch dienenden Scheunenschutz zugereicht. Die hier arbeitenden Frauen teilen den fertiggerafften Flachs in Bößchen (büəs/chən). Das ist eine mit zwei Händchen zu umspammende Menge von etwa 10 cm Durchmesser, die nun mit Flachsstengeln zusammengebunden wird. Acht Bößchen werden dann mit Strohseilen zu einer Fuulen (Fauligwerdende) oder einem Wasserbündel zusammengebunden. Mit dem letzten Wasserbündel und dem anschließenden festlichen Abendessen ist die Flachskirmse zu Ende. Jahreszeitlich soll es pätestens zu Bartholomä (24.8.) sein.

Boße (buəsən – F.) = Mengenmaß für ungerafften Flachs: drei oder vier Hamfel ergaben eine »Gans«, zwei oder drei Gänse eine Boße. – *Bößchen* (büəs/chən – N.) = Mengenmaß für fertiggerafften Flachs: mit zwei Händen zu umspannende Menge von etwa zehn Zentimeter Durchmesser. – Das Wort steigt erst in deutscher Zeit auf: ahd. pōʒo, bōʒo, mhd. boʒe (Bündel oder Gebund von Flachs). Oskar Schade möchte es zu ahd. pōʒan, paoʒen, mhd. bōʒen (schlagen, stoßen) stellen, und Kluge/Götze und Weigand schließen sich dieser Deutung an. Da jedoch beim Zusammenbinden von Boßen und Bößchen weder geschlagen noch gestoßen wird, ahd. harapōʒo, harabōʒo, mhd.harbōʒe (Bündel von Flachsfasern) dies sogar ausschließt, kann das Wort wohl nur zu lett. puõsms, puosma (Flachsgebinde) gestellt werden, das einem ideur. Wurzelwort +pũ (anschwellen, viel werden) entstammt und eine Vielheit von Flachsstengeln bezeichnen würde. Das Wort würde also nichtgerm.-ideur. sein und wohl der gleichen Zeit entstammen, als um etwa 1.000 vZtr. die Hochblüte der Flachsbearbeitung einsetzte, weshalb eine klare Scheidung der Begriffe »Lein« und »Flachs« eintrat.

Flachs (flåkks – M.). Von den Etymologen wird das Wort von der ideur. Wurzel +plek (flechten) abgeleitet, doch der gereifte und holzig und später spröde gewordene Stengel der Leinpflanze kann ohne eingehende Verarbeitung überhaupt nicht geflochten werden. Im ältesten Vorgermanisch müßte es +bhlakt geheißen haben, aus dem durch die Erste vorgerm.-ideur. Lautverschiebung bh>f zwischen 2.000 und 1.800 vZtr. +flakt geworden wäre, was jedoch wegen des Fehlens im Griechischen, Lateinischen, Keltischen unmöglich ist. Es kann deshalb nur durch die zweite vorgerm.-ideur. Lautverschiebung um 1.000 vZtr. t>s, sch, z verschoben worden sein, jedoch auch k>ch, s, sch. Hier finden wir lit. plaktẽ (Schlagen, das Geschlagene), entstanden aus lit. plàkti (mit Ruten oder Riemen schlagen, peitschen, klopfen usw.). Das ist die Wortform, die durch Lautverschiebung zu »Flaks« hätte werden müssen. Im Litauischen hat sich gleichzeitig k>š verschoben, während das »t« erhaltengeblieben ist, so daß uns entgegentritt lit. pluoštìnis (Flachs) neben außerordentlich zahlreichen verwandten Wortformen, wie pãplakos (Hede, Werg), plastãkė (Ausgehecheltes, Ausgekämmtes), plúokštas (Bastfasern von Flachs) usw. Daraus geht hervor, daß mit dem Wort Flachs der Arbeitsgang vom holzigen Leinstengel bis zur Flachslopfe bezeichnet wird (klopfen, schlagen, wohl auch: reißen, rupfen, zerren) ideur. Wurzel also +plak (schlagen, klopfen) und nicht +plek (flechten). Flachs würde also etwa bedeuten »durch Schlagen und Klopfen holziger Leinstengel zu gewinnende Fasern«. Im Germanischen erscheint das Wort nur ags. fleax, und im Deutschen as. flas (!), ahd. flahs, mhd. vlahs.

Gans (gåns – F.) = Mengenmaß für »gerupften« Flachs: sie besteht aus drei oder vier Hamfel. – Es ist naheliegend, daß es nicht vom Namen unseres Hausvogels geborgt worden sein kann, ebensowenig kann es, schon aus lautlichen Gründen nicht, zum Umstands- oder zum Eigenschaftswort »ganz« in Beziehung gesetzt werden. Es dürfte der Grundsprache der um 500 bis 200 vZtr. westthüringischen Vorbevölkerung entstammen, die bis ins Mittelalter, ja weitgehend sogar noch bis in die Gegenwart nachwirkt. Danach muß das Wort ursprünglich ghansa (Menge, Vielheit) gelautet haben, wie es noch heute in den balto-slawischen Sprachen in zahlreichen Verzweigungen, teilweise mit Wechsel n>m, vertreten ist und im Germanischen als gt. hansa, im Deutschen als ahd. hansa, mhd. hanse, hans (Menge, auch Schar) uns entgegentritt. Das Wort hat bei der Namengebung des norddeutschen Städtebundes (Hanse) Pate gestanden. Unsere Mengenbezeichnung »Gans« ist deshalb vorgermanisch und bezeichnete wohl die Grundeinheit der »geernteten Flachsmenge«.

Härn (herrn – F.) = einzelner Flachsstengel, ursprünglich einzelne Flachsfaser. – Auch diese Benennung ist nichtgerm.-ideur. aus der Wurzel +kar aus +kas, +kes (strählen, kämmen; Faser), wie aus zahlreichen balto-slawischen Belegen ersichtlich ist. Erst nach der Lautverschiebung k>h steigt es aus einer Grundsprache ins Deutsche auf: ahd. haru, haro, mhd. hare, har (Flachsfaser). Der germ. Beleg an. hör scheint Lehnwort entweder aus dem Althochdeutschen oder noch aus einer »Grundsprache« zu sein.

raffen (raffən – V.) in der Bedeutung »an sich reißen«. Da das Raffen ein unumgänglich notwendiger Arbeitsgang bei der Flachsbereitung ist, muß er ähnlich schon in Urzeiten durchgeführt worden sein. Das legt es nahe, die Entstehung des Wortes ebenfalls in indoeuropäischer, vorgermanischer Zeit zu suchen. Tatsächlich finden wir lit. rëpti (raffen), gr. arhpázō (an sich reißen, raffen), lat. rapio (raffen, an sich reißen). Im Deutschen ist es aus einer Grundsprache erst in mittelhochdeutscher Zeit aufgestiegen: mhd. raffen, reffen (eilig an sich reißen, rupfen, zupfen). Das von Kluge-Mitzka und Weigand hierher gestellte an. hrapa (stürzen, niederfallen, eilfertig sein, beeilen) setzt ein ideur. +krab voraus, wie es noch heute in gsp. »råpp dich = beeile dich!« vorliegt, gehört also nicht in diesen Zusammenhang.

Flachsröste – Leinklengen

Die Weiterverarbeitung des Flachses und der abgestreiften Samenkapseln vom nächsten Tag an ist Angelegenheit der Familienangehörigen; sie gehört nicht mehr zur Flachskirmse. Es sind zwei verschiedene Arbeitsgänge, die völlig getrennt nebeneinanderher laufen.

Auf einem Wagen werden die »Wasserbündel« (Fūlən) an ein langsam fließendes Wasser, die Wiesen, gefahren, in dem oft mit Bohlen ein »Schutz« zum Aufstauen gebaut wird. Die Wasserbündel werden zum Weichen eingelegt und entweder mit Steinen beschwert oder mit Stangen und hölzernen Flachshaken befestigt, damit sie nicht herausragen; sie sollen ja faulen. Hier liegen sie bei warmen Tagen und Nächten kürzere, bei kalter Witterung längere Zeit, durchschnittlich aber acht bis vierzehn Tage, bis sich der Bast von den Holzteilen des Stengels lösen läßt. Wartet man zu lange, dann fault auch der Bast und wird damit wertlos. Sind die Wasserbündel genügend »geröstet«, dann werden sie herausgenommen und aufgebunden. Darauf wird jedes Bößchen für sich allein ausgewaschen (ūsgəwåschən), und indem das Seilchen aus Flachsstroh etwas hochgeschoben wird, hält die Linke die Stauche (štuxən – F.), wie das Bößchen von jetzt an genannt wird, an der Spitze, während die Rechte sie am unteren starken Ende zu Trichterform auseinanderbreitet: der Flachs wird zum Dörren nebeneinander auf die Wiese gesetzt, er wird gestaucht. Da zu gleicher Zeit auf den Wiesen zahlreiche derartige Flachsbreiten in Vierecksform standen, wurden anschließend die einem Besitzer gehörenden Stauchen mit den nassen Strohseilen der einstigen Wasserbündel umlegt und so von den benachbarten abgegrenzt. Sind sie im Winde völlig gedörrt, dann werden je zwanzig Stauchen wechselweise aufeinandergelegt, mit einem Strohseil gebunden, nach Hause gebracht und an einem trockenen Ort bis zum nächsten Frühjahr aufgehoben. Würden sie nicht wechselseitig gelegt, dann könnten sie leicht aus dem Seil herausrutschen. Vielfach werden sie zum Ausschwitzen auch in alte Tücher eingeschlagen.

Die Weiterverarbeitung der Samenkapseln war verschieden, je nachdem ob Spring- oder Klanglein (klånglīn – M.) oder Dresch- oder Schließlein (drůschlīn – M.) angebaut worden war. Der Spring- oder Klanglein hat offene Samenkapseln, so daß er bei sonnigem Wetter »geklengt« werden kann. Das heißt er wird auf ein Klengtuch geschüttet und den warmen Sonnenstrahlen ausgesetzt, bis die braunglänzenden Samenkapseln (knůttən – F.) klingend aufspringen. »iͤch wëll līn låif lōs = ich will (den) Lein laufen lassen«, war der Ausdruck für das Reinigen, wobei in scharfer Zugluft aus einer Mulde oder Schüssel, die möglichst hoch zu heben waren, der Lein in einen bereitgehaltenen Topf oder ein anderes Gefäß laufen gelassen wurde. Dabei wehte der Wind die leichten Spreuteile fort, der Leinsamen fiel einigermaßen gereinigt in den Topf.

Ein früher sehr beliebtes Rätsel hatte das Klengen der Flachsknutten zum Inhalt:

Hiͤngər ůnsən hūsə
giͤtt s gəkniͤkkər, gəknåkkər, gəknūsə.
ůn jə hechər də sůnn štiͤtt,
dastə důllər s gəkniͤkkər, gəknakkər, gəknūsə giͤtt.
Wås ės n dås?
Hinter unserm Hause
geht das Geknicker, Geknacker, Geknuse.
Und je höher die Sonne steht,
desto toller das Geknicker, Geknacker, Geknuse geht.
Was ist denn das? (Das Klengen der Flachsknotten)

Die Knutten des längeren und gröberen Dresch- oder Schließleins sind geschlossen, müssen deshalb nach dem Vortrocknen in der Sonne auf der Tenne ausgebreitet und mit dem Dreschflegel gedroschen werden. Anschließend werden sie mit der Worfschaufel geworft und dann mit einem passenden Sieb gesiebt, schließlich aber ebenfalls in scharfer Zugluft »laufen« gelassen, das nannte man pleidern. Im letzten Drittel des neunzehnten Jahrhunderts kamen »Windfegen« auf, die jedoch ohne Siebeinrichtung waren, und etwas später Getreidereinigungsmaschinen unter dem Namen »Plauder«.

Die zerschlagenen Knuttenhülsen wurden zerkleinert und den Gänsen ins Futter gemengt, möglichst mit zerhackten Disteln, Brennesseln, gekochten Kartoffeln und Kleie. Im Winter wurden sie auch zum Bestreuen vereister Wege verwendet.

klengen (klëngən – V.) = Flachsknutten im warmen Sonnenschein »klingen machen«, daß sie mit leise klingendem Geräusch aufspringen. – *Klengtuch* (klëngtůch – N.) = grobes Leinentuch aus selbstgesponnenen Flachsfasern, das als Wagenplane und beim Getreidedrusch im Dreschschuppen als Unterlage auf Spreuwagen benutzt wird. – Die Meinung von Kluge-Götze und Weigand, wegen der »fehlenden Lautverschiebung« könnten gr. klaggé (Schall, Getön), lat. clangere, um 400 nZtw. clingere (ertönen, erschallen), mit »klingen, klengen« nicht urverwandt sein, wird durch lit. klẽginti (zum Klappern bringen), poln. klekotać (klappern, klimpern) widerlegt. Es handelt sich lediglich um ein nichtlautverschobenes Wort, im Germanischen ags. clynan (erklingen), und im Deutschen ahd. klingan, mhd. klingen (klingen, tönen – rauschen, rieseln). Nebenher laufen ahd. chlengōn, mhd. klenken (klingen machen, erklingen lassen), die unmittelbar in unser gsp. klengen hineinführen. Die nichtnasalierte Wortform gsp. klikk in der Redensart »einen Klick machen (einen plötzlichen Laut hervorrufen)« dürfte die sprachlichen Zusammenhänge deutlicher werden lassen.

plaidern (plaidər – V.) = durch Verwendung der Zugluft den Leinsamen von der Spreu sondern. – *Plauder* (plaidər – F.) = verbesserte Getreidereinigungsmaschine. – Das Wort ist nur in den balto-slawischen Sprachen und in unserer Grundsprache vertreten. Einem ideur. Wurzelwort +pleu (schwimmen, fliegen) entstammt lit. pláuti (spülen, schwenken) und daraus sowohl plaujóti (hoch in der Luft schweben) als auch plaũkti (durch die Luft dahinfahren, getragen werden). Im Germ. steht zu ags. blāwen und im Deutschen ahd. blāen, plāen, mhd. blæjen, blæwen, blæn (blasen, wehen; blähen) nur das Mittelwort ahd. ziblāit (blasen oder wehen machend), das zu gsp. plaidern geführt haben kann.

Röste (riəstən oft auf riəsən – F.) = Wasserlauf zum Mürbemachen des Flachses. *rösten* (riəstən –V.) = mürbe oder faulen machen. Die Bezeichnung gehört zur Familie des Wortes »rot«, im Lit. raudá (Röte, rote Farbe), im Lett. raũds (rot, rötlich, hellbraun), daraus lit. raudẽti (rotbraun, rötlich werden), rũsti (rostig werden, verfaulen). Im Germ. entwickelt sich aus der gleichen ideur. Wortgrundlage ags. rotjan (faulen), an. rota (faul werden) und im Deutschen as. rotōn (von Fäulnis verzehrt werden), ahd. rōzēn, rozēn, mhd. rōzen, rozen (faulen, in Fäulnis übergehen, verrotten). Der Rösenbach bei Weberstedt hat seinen Namen von der Flachsröste.

Stauche (štuxən – F.) = zum Trocknen hohl und spitz aufgestellte Mengen Flachs, Klee oder Getreide (nicht aber Heu oder Gras). – *stauchen* (štuxən –V.) = eine gewisse Menge harter oder starker Halme auf dem Boden aufstoßen und mit den Spitzen zusammendrücken. Das Wort entstammt einem ideur. +stha (stehen), ist in der vorliegenden Form aber nur belegt lit. stūgti (in die Höhe stehen) und im Deutschen aus einer nichtgerm.-ideur. Grundsprache erst im Neuhochdeutschen diphthongiert aufgestiegen.

Frühjahrs-Flachsarbeit

Im zeitigen Frühjahr, solange noch nicht an Feldarbeit gedacht werden kann, wird der trocken aufbewahrte vorjährige Flachs hervorgeholt, aufgebunden und Stauche neben Stauche an die sonnige Hauswand gelehnt, um nachzudorren. Um gleichmäßig durchzudorren, müssen die Stauchen ab und zu gewendet werden. Es ist natürlich nicht möglich, eine Stauche als Ganzes weiterzuverarbeiten. Sie wird vielmehr hamfelweise mit der hölzernen Klopfkeule »gəblůibt (gebleut, geklopft)«, was vielfach auf dem »treatštain (Trittstein)« am Hauseingang geschieht, aber auch auf jedem andern festen Untergrund, sogar auf der Gasse und dem Anger. Dabei geht es vor allem um das Wurzelwerk, das für die Flachsgewinnung wertlos ist. Es wird wieder gehamfelt und abermals an der sonnigen Hauswand gedorrt. Beim anschließenden erneuten Hamfeln sind 15 hamfəl = 1 worf (Wurf), 4 worf = 1 bi̯ngəl, 3 bi̯ngəl (Bündel) = ½ Kloben.

Da aber das Klopfen zum Weichmachen der Härne (Flachsfäden) nicht ausreicht, muß das Brechen des Flachses in der hölzernen Flachsbreche folgen. Die besteht aus der feststehenden »Zunge«, die auf zwei Blöcken ruht, und einer beweglichen innen ausgehöhlten »Lade«, die auch »Lid« genannt wird. Diese paßt genau auf die Zunge. Das linke Ende ist beweglich an der Zunge befestigt, während das rechte einen Handgriff hat: die auf die Zunge geschobenen Hamfel Flachs wurden durch Herunterschlagen der Lade gebrecht (nicht gebrochen). Dabei fallen die meisten Schäben, die holzigen Splitter, bereits ab, aber auch bereits längere »brachsåchən = Brechsachen), in Oberdorla »Zulpen« genannt, die dann der Sattler zum Polstern bekommt. Am Ende des von den Frauen durchgeführten Brechens, das mit taktmäßigem Hacken Abend für Abend dorfauf und dorfab erscholl, sind die Flachsfasern schon verhältnismäßig geschmeidig geworden. Deshalb kann nun gelopft werden: jeweils zwei Hamfel dieser gebrechten Fasern werden zu einer »lopfən (Lopfe)« zusammengedreht. Danach wird eine Lopfe auf der groben Hechel »obgəkråtzt (abgekratzt)«, wobei das wertlose »vērkråtzən – Vorkratzen« oder »hōkn (gr. hachnē, Spreu, Strohabfall)« entsteht. Die Hechel ist ein rundes oder viereckiges Brettchen mit einer Art mehrreihigem Kamm aus gleichlangen und gleichstarken Nadeln, das auf einem fünfzig bis sechzig Zentimeter langen Brett befestigt ist.

Nun wird die Lopfe am hölzernen Schwingstock mit der Schwinge »geschwungen«, wodurch sich abermals Schäben lösen, vor allem aber das geringwertige »schwingwarg = Schwingwerk«, die minderwertigen Fasern. Der Schwingstock besteht aus einem quadratischen aus vier Latten oder schmalen Brettern zusammengefugten Bodenteil als »Fuß«, an den rechts und links je ein senkrechtes Seitenbrett befestigt ist. Ein in der Mitte eingefügter Holzsteg hält beide Seitenbretter in senkrechter Stellung. Jedes Seitenbrett enthält einen Schlitz, in den jeweils eine Hechel eingeschoben wird. Das rechte Seitenbrett ist etwas länger; die Verlängerung ist weit ausgekerbt und am oberen Ende nach innen angeschweift; das ist der Schwingstock. Die Schwinge besteht aus einem fünf bis sechs Zentimeter breiten, einige Millimeter dicken und etwa fünfzig Zentimeter langen Eisenblech mit einigen Löchern an der Spitze, das in einem Holzgriff befestigt ist. Es war der »Schläger« beim Schwingen des Flachses. Dabei hält die Linke eine Lopfe Flachs in den Schwingstock, während die Rechte von obenher mit der Schwinge ihn einigemale klopft, so daß sich weitere Schemen, vor allem aber die minderwertigen Flachsfasern, das Werk, ablösen. Nach dem abschließenden Durchziehen durch die feine Hechel, die kurze und dünne Nadeln besitzt, ist der Flachs zum Verspinnen fertig.

Schließlich werden jeweils sechs Lopfen zusammengedreht und gemeinsam »geschwungen«, dabei mit etwas Spucke angefeuchtet, da sie sich leicht zusammenrollen: es ist eine Riese oder Reiste entstanden, ein zusammengedrehtes Bund. Fünfzehn derartiger Rieste ergeben einen halben Kloben. Sie werden in einen Sack gesteckt und oft jahrelang bis zur endlichen Weiterverarbeitung, dem Spinnen, aufgehoben. Das Werg, das sind die groben und verwirrten Fäden neben den längeren »Brechsachen« der wichtigste Abfall bei der Flachshaarbereitung, wird zum Weben der Klengtücher und Säcke verwendet. Zusammen mit Kammlöck, einem Abfall beim »Kämmen« der Wolle, wird Werg zum Weben von Beiderwand benötigt, die männliche Jugend verwendet es gern zur Herstellung von Pfropfen für ihre Platzbüchsen, ihren »Schießgeräten« aus ausgehöhlten dickeren Holunderstücken. Die jungen Mädchen fertigen sich daraus Puppen, auch Polsterer und Sattler verarbeiten Werg.

brechen (brachən – V.) = etwas entzweigehen oder entzweimachen, gewaltsam auseinandernehmen. – *brechen* (brachən –V.) = bildlich: durch den Mund von sich geben. Das nhd. »sich übergeben« ist ungebräuchlich. – *Breche* (brach – F.) = aus Holz gefertigtes Werkzeug. – *Flachsbreche* (flåksbrachən – F.) = bildlich gebraucht für einen »rappeldürren« Menschen oder auch eine Kuh. »de/i ků kaif ich nich, dei ës derr wī ënnə brachən = die Kuh kaufe ich nicht, die ist dürr wie eine (Flachs)Breche.« Kurzweg heißt ein dürrer Mensch auch »ënnə flåksbrachən« oder man sagt, »dar ës suə derr, dān kånn mə s voatərûnsər derch də båkkən gəblōsə = der ist so dürr, dem kann man das Vaterunser durch die Backen blasen (geblase!)«. – Das Wort gehört zu einer ideur. Wurzel +bhreg (brechen), erscheint lit. braũkti (drückend streichen, ziehen, Flachs schwingen) bruktùvė (Flachsschwinge), brauktùvas (Flachsbreche), im Germanischen gt. brikan, ags. brĕcan, und im Deutschen as. brĕcan, ahd. brĕchan, prĕchan, prĕhhan, mhd. brĕchen (brechen, zerbrechen; entzweigehen).

hecheln (hachəln – V.) = Flachs oder Hanf durch die Hechel ziehen. – *Hechel* (hachəl – F.) = Gerät für die Flachsbearbeitung. *Hechelmann* (hachəlmånn – M.) = aufmerksamer, jede Einzelheit und Kleinigkeit scharf beobachtender kleiner Junge. »ha påßt ůff wī ënn hachəlmånn«. – *hecheln* (hachəln –V.) = Japsen der Hunde bei Erhitzung und starkem Durst, wobei die Zunge sich ununterbrochen hin und her bewegt. – *durchhecheln* (derchhachəln –V.) = ein Ereignis so lange bereden, vor allem im bösen Sinne, bis völlige Klarheit herrscht oder nichts mehr zu dem betreffenden Fall zu sagen ist. – Bei der sprachgeschichtlichen Untersuchung des Wortes »hecheln« muß man einerseits von der Tatsache ausgehen, daß es Lein nachweislich der urgeschichtlichen Spatenforschung bereits in der Jüngeren Steinzeit gegeben hat und die Hechel in einer heute nicht mehr bekannten Form von allem Anfang an vorhanden gewesen sein muß. Andererseits muß man die Arbeitsweise zur Erklärung des Wortes zurate ziehen, eine Wortverwandtschaft mit »Haken«, wie sie Kluge-Götze und Hermann Paul annehmen, aber als sachlich unrichtig ablehnen. Mag auch die Hechel in ihrer heutigen Form erst mittelalterlich sein, so muß sich doch die Bezeichnung an Begriffe anschließen, die von Urzeit an vorhanden gewesen sind. Tatsächlich begegnet uns gr. áchnē (sprich hachnē), in der dorischen vorgerm.-ideur. Mundart áchnā (sprich hachnā), was Spreu und im übertragenen Sinne Schaum oder Staub bedeutet. Auch gr. áchyrhon (sprich hachyrhon) bezeichnet die Spreu und daneben Häcksel oder glattes langes Stroh. Es konnte nachgewiesen werden, daß eine solche griechische Wortform der Ersten vorgerm.-ideur. Lautverschiebung entstammen muß, die jedoch wegen der jahrhundertelangen Trennung der Balto-Slawen von der mitteldeutschen Vorbevölkerung wegen des Dazwischenschiebens der Veneter in den balto-slawischen Sprachen nicht wirksam geworden ist. In ihnen müssen wir die Wortwurzel +kak in entsprechender Bedeutung wiederfinden oder auch in Form der vorgerm.-ideur. Lautverschiebung, die einerseits inlautendes t>s in den verschiedensten Abwandlungen, aber auch k, ch>s, sch, z und dann noch einmal s>r (und weiter r>l) verschieben konnte und vom (später) mitteldeutschen Mutterlande auf diese östlichen Sprachen auszustrahlen vermochte. Tatsächlich begegnen wir lit. kasà, lett. kasa (Haarflechte, Zopf), aslav. kosa (Haar), česati (kämmen), aber selbst russ. čěska (Werg, Hede) und gr. keskíon (Flachsabfall, Werg). Auf vorgerm.-ideur. Boden aber (mit Ausstrahlungen ins Griechische) hatte sich in der Ersten vorgerm.-ideur. Lautverschiebung die Wurzel +kak>hach entwickelt, aus der sich nach der Zweiten vorgerm.-ideur. Lautverschiebung über +has in althochdeutscher Zeit ahd. haru, haro (ins Altnordische entlehnt als hörr), mhd. har (Flachs, eigentlich Flachssträhne, Flachsfaser) formte. Und nun beachte man: in mhd. Zeit steigt aus einer noch immer vorgermanisch betonten »Grundsprache« hachelen, hecheln (strählen, hecheln) und hachele, hechele, hächel, hechel (stacheliges Werkzeug zum Durchziehen des Flachses) auf. Es ist also unmöglich, dieses Wort mit Kluge-Götze, Hermann Paul, Weigand auf ahd. mhd. hecchen, hecken (hauen, stechen) zurückzuführen. Vielmehr liegt eine vorgerm.-ideur. Wortwurzel +kak/+hach in der Bedeutung »durchziehen, strählen, kämmen« zugrunde, also hecheln oder gsp. hachəln (durchziehen, kämmen), Hechel oder gsp. hachəln (Gerät zum Flachshaarbereiten, bis es seidigweich geworden ist). – *Hecht* (hacht – M.) = Rauchschwaden im Zimmer. Hermann Paul und Weigand möchten die Bezeichnung dieser Rauchschwaden auf den Fisch gleichen Namens zurückführen, zumal sie erst im neunzehnten Jahrhundert durch die Studentensprache schriftdeutsch geworden ist. Aber selbst wer den Abzug der Rauchschwaden eines offenen Feuers in einem schornsteinlosen Häuschen durch die geöffnete Tür noch nicht gesehen hat, wird sich leicht vorzustellen vermögen, wie im einräumigen urgeschichtlichen Haus der Qualm sich einen

Ausgang gesucht hat und diese Schwaden das Aussehen von Haarsträhnen gehabt haben. Da bereits gr. áchnē die Nebenbedeutung »Staub, Schaum« hatte, liegt es nahe, auch im nichtgerm. »hacht« nicht nur den aus der offenen Haustür hinausziehenden Rauchschwaden, sondern bereits den Dunst zu sehen. Noch am Anfang des zwanzigsten Jahrhundert hieß es ganz allgemein beim Blaken der Ölfunzel oder auch noch der Petroleumlampe: »schnupp də fŭnsəl ŭn mâch nᵉich suə ënn hacht in də štommn = schnuppe die Funsel (den Docht der Petroleumlampe) und mache nicht so einen Hecht in die Stube!« Das heißt doch: »Hecht« (richtig: hacht) ist ursprünglich der durchziehende strählige Rauchschwaden, der seine Bezeichnung dem nichtgerm. Urwort +hach (durchziehen, strählen, kämmen) verdankt, und ist nebenher ganz allgemein auf Rauch oder Dunst im geschlossenen Raum übertragen worden.

Hooken (hōkkən – F.) = zu gr. hachnē

Kloben (klobən – M.) = Mengenmaß für fertiggehechelte Flachsfasern: zwei Hamfel ergeben eine Lopfe, sechs Lopfen eine Rieste, fünfzehn Rieste einen Kloben. – Die Etymologie stellt das Wort zu klieben (spalten), obgleich dies nur einen zufälligen Zustand der aus mittel- und althochdeutscher Zeit bekannten Kloben (Holzklötze) kennzeichnet. Richtig gehört es zu klauben, zusammenklauben (zusammenballen) und bezeichnet damit das genaue Gegenteil. In Wirklichkeit liegt ein nichtgerm. Wort vor, das sich im Litauischen zu glëbti (umarmen, in den ausgebreiteten Armen zusammenfassen), glĕ́bis (Ballen), glóbti (umfangen), globá (Schutz, Obhut) entwickelte. Im Deutschen steigt es aus einer Grundsprache erst lautverschoben auf als ahd. clobo, chlobo, mhd. klobe (um einen Stock geflochtenes oder daran gehängtes Gebund). Tatsächlich waren früher Säcke so kostbar, daß die Flachskloben nicht in ihnen, sondern über Stangen als »Ballen« (eben als Kloben) gehängt und so bis zur Weiterverarbeitung aufgehoben wurden.

Lopfe (lopfən – F.) = Mengenmaß für fertiggehechelte Flachsfasern: zwei Hamfel ergeben eine Lopfe. – Das Wort ist ur-indoeuropäisch: gr. lóphos (Haarbüschel), lit. lõpas (Stück, Anzahl), auch lēpene (Klumpen, zusammengeballte Masse), lett. lãpa (große Pfote), und im Germ. nur ags. harluf, harluph, harlufa, harlifa, harlefa (Flachsfasern, Bast, Fasern), in Zusammensetzung also mit har =Flachs.

Riste auch Reiste (rīstən – F.) = Mengenmaß für fertiggehechelte Flachsfasern: sechs Lopfen ergeben eine Riste. – Dem Wort liegt eine ur-ideur. Wurzel +u̯er (drehen, winden, binden) zugrunde, das in der vorliegenden Wortform im Litauischen eine Unzahl von Nebenzweigen getrieben hat, die vielfach mit Webarbeiten in Beziehung gesetzt sind: rìšti (binden, knoten, knüpfen), raĩštis (Band, Schnur), ryšulỹs (Packen, Bündel, Ballen), lett. rist (binden). Im Germanischen ist diese Lautform nicht belegt, aber im Deutschen steigt aus einer »Grundsprache« auf mhd. riste (oben zusammengedrehter Büschel fertiggehechelten Flachses).

Schäbe (scheamn – F.) = im Gemeindeutschen Schebe, Schäbe: holzige Splitter, die beim Flachshaarbereiten abfallen. Sie waren früher ein wichtiges Baumaterial, denn als im Fachwerk noch getüncht wurde, verhüteten sie – innig mit Lehm vermischt – das Rissigwerden der frisch getünchten Wände. Im Winter wurden sie außerdem zum Streuen der vereisten Wege genutzt. – Zugrunde liegt eine ideur. Wurzel +skeip (Splitter), daraus im Lit. skỹpata (kleines Stückchen, Bröckelchen, Splitter), lett. šķipsis (ein Weniges). Im Germanischen ist das Wort nicht belegt, steigt aber in deutscher Zeit aus einer Grundsprache auf einerseits als ahd. skivero, mhd. schifere, schëvere (Splitter, besonders Steinsplitter), anderseits aber als ahd. āchambi, mhd. ākamp, ākambe (Abfall beim Flachsschwingen, beim Wollekämmen).

schwingen (schwīng – V.) = schlagen, geißeln, prügeln. – Zugrunde liegt ein ideur. +su̯ei (schlagen, schleudern, schwenken), enthalten im nichtnasalierten lit. skíesti (werfen, schleudern; schlagen, einhauen), siaũsti (schlagen, prügeln, werfen) das auch die Bedeutung »worfeln, schwingen« hat. Im Germanischen ist es belegt ags. swincan (sich abmühen), gt. svaggvjan (schwingen machen) und im Deutschen as.ahd. swingan, mhd. swingen (schwingend werfen, schwingend schlagen, schleudern) – ahd. swingā, swinkā, mhd. swinge (Flachs- oder Hanfschwinge, Futterschwinge, ganz allgemein Schwinge).

Schwingstock (schwīngštokk – M.) = Seitenteil eines völlig aus Holz bestehenden Arbeitsgerätes zur Flachshaarbereitung. – *Schwinge* (schwīngən –F.) Auch beim Backen von Steinkuchen wird sie benutzt, um nach dem Durchbacken des flachen Kuchens auf der einen Seite ihn auf die andere Seite herumzuschwenken. Ursprünglich war die Schwinge aus einem einzigen Stück

Holz gearbeitet und an der Spitze durch verschiedene Lochreihen verziert.

Werg (wārg – N.) = der wichtigste Abfall bei der Flachshaarbereitung. – Das Wort scheint Nebenform von »Werk« zu sein und meint wohl »Abfall beim Schaffen«. Es ist belegt ahd. āwurihhi (Werg), Nebenform von ahd. wĕrah, wĕrach, wĕrc, mhd. wĕrch, wĕrc (Tat, Handlung).

Spinnen

So alt wie der Anbau von Lein ist, muß auch das Spinnen sein – denn ohne die Gewinnung von Flachsfasern aus dem reifen Lein und ohne deren Winden zu Fäden (eben das Spinnen) ist eine solche Pflanze für den menschlichen Haushalt wertlos. Tatsächlich ist nicht nur der Leinsamen in der Jüngeren Steinzeit zwischen 4.000 und 1.800 vZtw. nachweisbar, sondern auch das Spinnen, was aus den Spinnwirteln erschlossen werden kann, da wir selbst einen solchen in der ehemaligen bandkeramischen Siedlung gefunden haben. Sie sind untrennbar mit der Spindel verbunden, einem ursprünglich einfachem Stab mit umwickelter Flachsdogge, die in der Linken gehalten wurde, während die Rechte den an einen Spinnwirtel gebundenen Faden zog und ständig drehte, drisselte. Von Urzeiten an bis in die frühneuhochdeutsche Zeit hat sich an dieser Arbeitsweise kaum etwas geändert. Denn das Trittrad ist erstmals 1480 urkundlich erwähnt.

Kinder kauen Kirschbaumharz möglichst weich, nehmen es in die Rechte und ziehen mit den Worten

špinnə, špinnə rādchən: *spinne, spinne, Rädchen:*
špinnə gåldənə fādchən ... *spinne goldene Fädchen*

entweder vom linken Daumen zum Zeige- oder auch vom linken Daumen zum kleinen Finger kreuzweise Fäden, die schließlich zu einem starken Faden zusammengedreht werden.

Die Spinnstube konnte von jeher und kann auch nur dann abgehalten werden, wenn Feldarbeiten nicht mehr möglich oder nicht mehr notwendig sind, also im Winter. Aber die Winter sind in den einzelnen Zeitabschnitten völlig verschieden gewesen. So herrschte in unseren Breiten in der Jüngeren Steinzeit zwischen etwa 4.000 und 2.000 vZtw. ein Mittelmeerklima mit kurzen und milden Wintern, in der Spinnstuben im heutigen Sinne kaum aufkommen konnten. Wir haben den Beginn derartiger Gemeinschaftsarbeiten erst von dann an zu suchen, als die Menschen wegen der langen Dauer der Winter und außerordentlicher Kälte näher zusammenrückten. Eine solche Zeit begann gegen 1.000 vZtw. zwischen Jüngerer Bronze- und Früher Eisen- oder Hallstattzeit, und dauerte weit über das Jahr 1.000 n.Ztw. hinaus und war auch um die Wende zum zwanzigsten Jahrhundert noch spürbar. Es ist die Zeitspanne, da in unserem Landschaftsraum eine vorgerm.-ideur. Bevölkerung lebte und die gegen 250 vZtw. germanische Stämme überlagerten, ohne ihr in Sitte und Brauch einschneidende Änderungen aufzuzwingen.

Wir kennen sogar den Namen des Raumes, in dem früher die Spinnstuben abgehalten wurden. Es ist eine kellerartige Unterhöhlung besonders des Pferdestalles, der als »Dung« bezeichnet wird. Da Düngung noch unbekannt war, blieb der Stallmist wintersüber liegen und gab die erwünschte Wärme ab. Erst im Frühjahr wurde er ausgeräumt. Schon Tacitus berichtet in seiner »Germania« von unseren Vorfahren (16): »Sie pflegen auch Höhlen in die Erde zu graben. Die bedecken sie oben mit viel Dung und benutzen sie als Zufluchtsort für den Winter und als Aufbewahrungsraum für die Feldfrüchte. Denn solch ein Raum mildert die Strenge des Frostes.« Nach Kluge-Mitzka ist ahd. tung, mhd. tunc »Keller, halb unterird. Webraum«. In manchen Sagen, so in einer aus Lauenburg, wird berichtet, daß die Wichtel im Dung unter dem Pferdestall wohnten und daß der Urin der Pferde auf ihren Tisch floß. Da der Bauer deshalb den Stall verlegte, schenkten ihm die Wichtel einen Kloben mit nie endendem Flachs. Wenn Sache und ihre Bezeichnung inzwischen auch verlorengegangen sind, könnten doch Kellereingänge von der Stube, der Küche und selbst noch vom Hausflur, wie sie in einigen Häusern üblich sind, Erinnerungen an jene alten Zeiten bewahren. Pferdemist, in zweiter Linie auch Kuhmist, wird als »Dung« bezeichnet, die chemischen Zugaben jedoch als »Dünger«. Das letztere ist erst nachträglich gebildet worden und nicht umgekehrt. Ein späteres Wort für den unterirdischen Dung ist Genist.

Spinnstuben waren noch bis zum Beginn des Ersten Weltkrieges üblich, doch nahmen an ihnen nur noch verheiratete Frauen teil. Sie begann grundsätzlich bereits am frühen Nachmittag, weil sonst die vollbrachte Leistung zu geringfügig sein würde. Die Mütter brachten ihre kleinen Kinder mit. Gegen sechzehn Uhr gab es besonders guten Kaffee mit Kräpfeln, von denen wenigstens einige mit Mus gefüllt sein mußten. War die Nachmittagsspinnstube zur Fütterungszeit zu Ende, dann nahmen die Spinnerinnen das breite schmückende Rockelband ab, legten es fein säuberlich zusammen und nahmen es mit nach Hause, um dort beim Viehfüttern zu helfen und Abendbrot (noachtbruət) zu essen. Der zweite Teil der Spinnstube begann gegen neunzehn Uhr, diesmal selbstverständlich ohne die Kleinkinder; jedoch nahmen nun die Ehemänner teil, an den nur noch abends abgehaltenen Mädchenspinnstuben auch die zum jeweiligen »Chörchen (kiərchən – N.)« gehörenden Burschen. Während die Frauen oder Mädchen bei der Petroleumlampe ihre Spinnräder surren ließen, saßen die Männer oder Burschen unter Kerzenschein beim Kartenspiel. Natürlich wurden während der Spinnstuben ausgiebig Geschichten erzählt, Rätsel gelöst, wurde gesungen und gelacht, wurden Pfänderspiele, Scherze und Neckereien gemacht. Ohne Fröhlichkeit, Gelächter und Gekicher ging es nicht ab.

Wenn einem Mädchen beim Spinnen der Faden riß, wodurch er auf die Rolle lief, dann nahmen ihm die Spinnstubenburschen eilig den Rocken weg und gaben ihn erst dann wieder zurück, wenn ihn das Mädchen durch einen Kuß (ënn mūl) wieder eingelöst hatte. Es ist selbstverständlich, daß dieses Mißgeschick nicht immer unbeabsichtigt erfolgt, wie eben allerlei Kunkelfusen getrieben werden, wenn »junges Volk« beisammen ist, das ganz eindeutig zur Ehe strebt.

Zur Brautspinnstube, die man Brautrockel (brūtrokkəl) nannte, wird ein junges Ehepaar im ersten Winter nach seiner Hochzeit rundum eingeladen. Zu der bringt das Brautpaar (uneingeladen!) die gesamte nähere und entferntere Verwandtschaft, zu der grundsätzlich auch die Paten gehören, mit. Es gilt als höchste Ehre, zur »brūtrokkəl« eingeladen zu werden, ohne zur Verwandtschaft der Eheleute zu gehören. Die Bewirtung mit Kaffee und Kuchen ist ganz besonders festlich. Im übrigen verläuft sie wie jede andere Spinnstube, nur bekommt die Braut vor der Verabschiedung ein kleines Geschenk »zûm brūtrokkəl«.

Vor Beginn des Zwölften wurde das Spinnrad in die Ecke gestellt, denn während dieser Zeit durfte sich kein Rad drehen. Die letzte Spinnstube wurde gehalten, wenn die Pflicht gegenüber den Spinnstubenteilnehmern erfüllt war oder wenn die Witterung es gebot. Abgesponnen wurde, wenn der Flachsbestand zu Ende war oder das schöne Wetter das Spinnen in der Stube unerträglich machte.

Spinnrad

Bevor das Spinnrad erfunden wurde, hatten die Frauen und Mädchen mit der Spindel gearbeitet. Das Spinnrad ist 1480 erstmalig urkundlich erwähnt. Um 1900 gab es in Flarchheim zwei oder drei mit Handkurbeln angetriebene »Stockräder« neben den allgemein üblichen Tret-Spinnrädern. Sie waren vom Drechsler völlig aus Holz gefertigt worden; lediglich die Spindel und die Radwelle waren aus Eisen gefertigt.

Das Spinnrad besteht aus einem Grundbrett, das durch ein langes Hinterbein (långəs hi̊ngərbain) und zwei kürzere Vorderbeine (korzkə verdərbaine) eine Schrägstellung erhält. Über den Vorderbeinen sind in das Grundbrett zwei Arme eingelassen, zwischen denen das Rad (dr låif = der Lauf) gewissermaßen als Schwungrad sitzt. Im oberen Drittel des Grundbretts ist das »Gespinst« eingefügt, das durch eine hölzerne Schraube zum Regeln der Antriebsschnur hin und her bewegt werden kann. Zum Gespinst gehört außer dieser Schraubvorrichtung ein Querstab, in dem die zwei Docken befestigt sind, die den Flügel mit der Spindel aus Eisen in Lederfuttern (damit sie geräuschlos laufen) tragen. Am vorderen Ende der Spindel ist die Einlaufsöffnung für den Faden – am hinteren ein Linksgewinde, auf welches der Wirtel geschraubt wird. Dieser aus Holz gefertigte Wirtel ist eine durchlöcherte, einst steinerne Scheibe mit Rille für die Antriebsschnur. Auch die auf der Spindel sitzende Rolle hat eine solche Schnurrille, die jedoch einen kleineren Durchmesser als die des Wirtels hat, so daß sie sich rascher und öfter dreht und dadurch die Fasern zum »Faden« wickelt. Eine zusammengedrehte Rieste Flachs wird aufgedreht und durch mehrfaches Schütteln gelockert, mit dem Spitzenende hinter das Schürzenband gesteckt (weshalb keine Latzschürze getragen werden kann), mit der Linken gehalten und mit der Rechten über den Schoß gebreitet, so daß eine lockere Flachslage entsteht. Am Hinterteil des Spinnrads ist ein »Galgen (gåləgən – M.)« eingesetzt, in den ein »Netzkessel« befestigt ist, durch dessen Mitte der Rokken (rokkən – M.) gesteckt wird. Um diesen Rocken wird die Flachsdocke herumgewunden, er wird »angefärbt«, und mit einem drei Zentimeter breiten, schlichten Rockelband festgehalten. Wird in der Spinnstube gesponnen, dann wird als besonderer Schmuck noch ein zweites etwa sechs Zentimeter breites, mit unaufdringlicher farbiger Stickerei kunstvoll versehenes Band über das schmale gelegt und von einer Nadel mit einem gläsernen »Täubchen (dibbchən – N.)« festgehalten. Beim Spinnen wird mit dem Fuß das Trittbrett (trăttbrăt) bewegt, wodurch der mit dem Knecht (knăcht – M.), das ist die Kurbelstange, verbundene »Lauf« (das Rad) zum Drehen gebracht wird. Die Kurbelstange oder den »Knecht« schließt eine knopfartige Verdickung ab, das Kuppchen (kⁱppchən – N.), während je ein Pflöckchen (flekkchən – N.) das Herausfallen des Rades oder Laufs verhindert.

Während der Fuß ständig das Trittbrett in Bewegung hält, ziehen die Finger beider Hände den durch die Einlaufsöffnung geführten und am hinteren Ende der Spindel befestigten Faden ununterbrochen aus dem Rokken. Die einzelnen Fasern eines Fadens haben jedoch das Bestreben, sich wieder voneinander zu lösen, weshalb sie ununterbrochen »angeleckt«, das heißt angefeuchtet werden müssen. Das geschah bis zum letzten Drittel des neunzehnten Jahrhunderts mit Spucke, weshalb die Finger ständig zwischen Mund und Faden unterwegs waren, wie es in Grimm's Märchen von den drei Spinnerinnen geschildert wird. Und da die Speichelabsonderung nicht ausreichte, nahmen die Spinnerinnen ein Stückchen Rettich in den Mund mit der Bemerkung »do drallərt s bëssər = da drallert es besser«, da läuft der Speichel besser. Im letzten Drittel des neunzehnten Jahrhunderts wurde dann das aus Kupfer, Messing oder Zinn gearbeitete Lecknäpfchen erfunden. Es hat eine Tülle in der Mitte, durch die der Rockenstock hindurchgeführt und am im Galgen befestigt wird. Von nun an werden die Fasern immer wieder mit Wasser daraus angefeuchtet. Vom Anfang des zwanzigsten Jahrhunderts an setzte sich die Bezeichnung Netzkessel dafür durch.

Jede Spinnerin setzt natürlich ihre Ehre darein, möglichst gleichmäßig starke Fäden zu erzeugen und nicht etwa zu drulksen, denn das trägt ihr nur Spott und Hohn ein, erweist sie sich dadurch doch als schlechte Spinnerin, die den Burschen ihres »Chörchens« als spätere Ehefrau nicht begehrenswert sein würde. Diese schlechtgesponnenen Fäden, Kurallen genannt, wenn sie sich in sich selber drehen, werden jedoch bei Benutzung eines neuen Spinnrads großmütig verziehen; denn in diesem Falle ist es vom Drechsler fehlerhaft angefertigt worden. Die Schnur-Rinnen des Wirtels und die Rolle müssen genau aufeinander abgestimmt sein: der Wirtel dreht den Faden, die Rolle zieht ihn und wickelt ihn auf; ist der Durchmesser der Rollenschnur-Rinne zu groß, dann nimmt die Rolle den Faden zu langsam auf, während der Wirtel ihn zu stark dreht, wodurch die Kurallen entstehen.

anfärben (oanfarwən – V.) = den Rocken mit neuem Flachs umwickeln. Zugrunde liegt ein ideur. +û̯erp (hinundher bewegen), daraus lit. ver̃pti (spinnen), lett. vērpt (spinnen). In der westthüringischen Grundsprache muß es nach erfolgter Lautverschiebung ein vorgerm.-ideur. +farwen wohl als älteste Bezeichnung für »spinnen« gegeben haben, daraus oanfarwen (Vorbereiten zum Spinnen). Im Germanischen ist das Wort nicht belegt, steigt jedoch im Deutschen aus der Grundsprache auf zu ahd. anfurben, mhd. anvürwen (anglätten, eigentlich »anlegen«). Mit »Farbe« hat das Wort nichts zu tun.

anlecken (oanlĕkkən – V.) = die Fäden beim Spinnen anfeuchten. *Lecknäpfchen* (lĕkknapfchən – N.) – Die Gemeinsprache steht dem Wort »anlecken« durchweg verständnislos gegenüber, weil es sowohl »netzen« als auch »belecken (mit der Zunge)« bedeuten kann, während die Grundsprache beide sehr deutlich voneinander unterscheidet: lĕkkən (netzen, naß machen), lakkən (belecken, nämlich mit der Zunge). Es scheint auch in diesem Falle ein nichtgerm.-ideur. Wort vorzuliegen, denn auch die baltischen Sprachen – Altpreußisch, Litauisch und Lettisch – kennen genau diesen klaren Unterschied, so daß angenommen werden muß, daß er in Urzeiten zurückgeht. Es sei verwiesen auf lit. lãšinti (tropfenweise ausgießen), lásinât (fließen machen), besonders aber lett. ļękns (feucht, von Wäsche gesagt). Im Germanischen erscheint ags. leccan (bewässern) und im Deutschen ahd. lecchan, mhd. lecken (gießend netzen, benetzen). Das Wort wird zu erlechen (Flüssigkeit durchlassend) gestellt, doch ist dies ein späterer Nebenzweig zu »lecken« (siehe Besprengen des zu bleichenden Leinens mit Wasser) und nicht umgekehrt.

Chörchen (kiərchən – N.) = Spinnstubengemeinschaft von Mädchen und Burschen. Das Wort dürfte mit gr. kóre (Mädchen, Jungfrau, Gemeinschaft der Bräute) zu erklären sein, in der Altmark Chore.

drallern (drallərn – V.) = nebenher laufen, obgleich es nicht nötig wäre. »ha drallərt namən wåinə har = er drallert, läuft (unnötigerweise) neben (dem) Wagen her«. »ha ës ůff dn ganzən waiə namən n wåinə hargədrallərt = er ist auf dem ganzen Wege neben dem Wagen hergelaufen. – Der ideur. Wurzel +drā (laufen), entspricht skr. drāti (er läuft), gr. didrhāskō (laufen, entlaufen), lit. déržti (mit großen Schritten gehen), lett. drāzt (laufen, sich schnell wohin begeben). Im Germanischen ist das Wort nicht belegt, steigt aber im Deutschen aus einer Grundsprache auf als mhd. trollen (in kurzen Schritten laufen). Wieder steht das Wort der Grundsprache nach Lautgestalt und Bedeutung dem Indoeuropäischen näher als das der Gemeinsprache.

drulksen (drůləksən – V.) = unordentlich, besonders ungleich starke Fäden spinnen. »wås häst an do zəsåmməngədrůləkst? = was hast (du) denn da zusammengedrulkst, gepfuscht?« – *Trulle* (trůllən – F.) = unordentliches, liederliches Frauenzimmer. – *Trullala* (trůllala – F.) = schnippisches und dabei liederliches, leichtsinniges junges Mädchen. – Das Wort drulksen scheint eine junge Formung aus Trulle (unordentliches Frauenzimmer) zu sein, doch kann dieses wohl nicht zu an. troll (gespensterhaftes Ungetüm, Unhold) gestellt werden, wie es von Kluge-Götze, Hermann Paul geschieht und von Weigand vermutet wird. Vielmehr liegt ein ausgesprochen zur Flachsbearbeitung gehörendes Wort vor, das im Germanischen andeutungsweise in ags. thearl (stark, heftig) auftritt, in der heutigen Lautgestalt und Bedeutung aber erst mhd. drëllen (drehen, runden) aufsteigt, als Mittelwort mhd. gedrollen (wie gedrechselt drehen, derb oder hart zusammendrehen). Wer gedrollt hatte, wurde als Trulle beschimpft, die Arbeit als »gedrulkst« verurteilt.

Dung (důng – M.) = ursprünglich eine unterirdische Winterwohnung besonders unter dem Pferdestall, die Webstube der Frauen. – Dem Wort liegt ein ideur. +dhang (bedecken) zugrunde, im Litauischen noch heute dangà (Decke, Überzug, Hülle), dangùs (Himmel), padánga (überhängendes fast bis auf den Boden reichendes Dach). Im Germanischen ist das Wort belegt ags. dung (Gewahrsam), an. dyngja (Frauengemach) und im Deutschen ahd. dung, tunc, tunch, mhd. tunc (unterirdisches Webegemach).

Galgen (gåləgən – M.) = hinterer Teil des Spinnrads. – Zugrunde liegt ein ideur. +ghalgha, belegt durch lit. žalga (Stange). Im Germanischen liegen vor gt. galga, ags. gealga, an. galge und im Deutschen as.ahd. galgo, mhd. galge (Kreuz Christi, Richtstätte). In der Grundsprache hat sich die Urbedeutung »Stange, Querholz« bis heute erhalten.

Genist (gənîst – N.) = Spinngewebe – *Genist* (gənîst – N.) = aufdringliche alte Frau, die unerwünscht zu Besuch kommt und »kleben« bleibt, aber nicht gut hinausgewiesen werden kann, weshalb es hinter ihrem Rükken »vərflůchtjə gənîst = verflucht(ig)es Genist« heißt. Das Wort ist einem ideur. +gan (erzeugen) nachgebildet, daraus gr. gynḗ (Frau, Weib), apreuß. gana, gena (Weib), aslaw. žena (Weib), im Germanischen gt. qino, quëna, an. kona und im Deutschen as.ahd. quënā, ahd. quinā, chwënā, mhd. kone, kon (Ehefrau, Weib) gr. gynaikṓn (Frauengemach), im Germanischen in dieser Bedeutung nicht belegt, im Deutschen jedoch ahd. genez, genuz, genz (unterirdisches Webegemach der Frauen). Nur auf diese Wortbelege ist »Genist« zu beziehen, so daß man annehmen könnte, in Anlehnung an die Bedeutung »einnisten« sei ursprünglich damit gemeint gewesen, was später mit »Spinnstube« wiedergegeben worden ist. Ein Zusammenhang mit gt. ganists und im Deutschen as. ginist, ahd. mhd. genist (Heilung, Genesung; Unterhalt, Nahrung) besteht nicht. Das Suffix -este in »Geneste« ist als vorgerm. nachgewiesen.

Gespinst (gəšpi̊nst – N.) = Mittelteil des Spinnrads mit Spindel und Zubehör: eigentliche Spinnvorrichtung. – Das Wort entstammt einem ideur. +spen-d (spannen, spinnen, ziehen), lit. spęsti, spéndžiu (spannen), lett. speñdele (Spindel), im Germanischen gt. ags. spinnan, an. spinna und im Deutschen as.ahd. spinnan, mhd. spinnen (spinnen). Als Dingwort steht erst mhd. gespunst (Gespinst, Spinnen).

Kude – Rudolf Hildebrand nennt in DWB 5,363 Kude (Kaute) als ostmitteldeutsche Bezeichnung für ein Bündel Flachs und verweist auf russ. kudel = Flachs am Rocken, tschech. koudel = Werg, lit. knõdas = Flachsbündel an. Rocken und spricht in bezug auf diese sprachlichen Gleichungen von einer »vorgeschichtlichen Gemeinschaft der Flachsbehandlung bei Deutschen, Litauern und Slawen«.

Kunkel (kůnkəl – F.) Spinnrocken, vorgerm.-ideur. mlat. conucla (Spinnrocken), also ein Lehnwort, das im Deutschen als ahd. chonachla, chunchla, mhd. kunkel (Rockenstock, Spinnrocken) erscheint und zumindest einige Zeit auch in Westthüringen gegolten haben muß. Wenn wir feststellen müssen, daß in unserer westthüringischen Grundsprache sich ein Wortschatz erhalten hat, der in engster Gleichung zum Baltischen steht, dort lit. gùnga (Knäuel) vorliegt, das im Germanischen/Deutschen infolge der Lautverschiebung g>k ein +kunke hätte ergeben müssen, dann wird es fraglich, ob Kunkel tatsächlich ein Lehnwort ist, zumal das Mittellatein durch zahlreiche Provinzialismen gespeist wurde.

Kunkelfusen (kůnkəlfūsən – F.) = Scherze und Dummheiten während der Spinnstube; übertragen: Ausreden, unglaubwürdiges Geschwätz. »måch kënnə kůnkəlfūsən = übertreib nicht, mache keine unglaubwürdigen Witze«. Der erste Wortteil ist Kunkel, der zweite ist unverschoben in lit. pùsė, lett. puse, apreuß. pausan, das aber nur in Wortzusammensetzungen auftritt, so pùsgalvis (Dummkopf, Narr), pùsprotis (halb irrsinnig, albern). In unserm Wort liegt wohl ein noch völlig eigenwertiges Wurzelnennwort vor in der Bedeutung »nicht sein«.

Kuralle (kůrallən – F.) = schlecht gesponnener Faden, der sich in sich selber drisselt, das heißt dreht. Das Wort kann seiner Bedeutung wegen weder zu mhd. krolle (Locke) noch mhd. krüllen (kräuseln, an den Haaren raufen) gestellt werden. Es liegt vielmehr sichtlich ein nichtgerm. Wort vor zu ideur. +ger (drehen, flechten), dessen Entwicklungsgang nicht mehr erkennbar ist, jedoch deutliche Spuren in den baltischen Sprachen hinterlassen hat: lit. garánkščiotis, garánkštėti (sich von selbst zusammenziehen und aufrollen – nur vom Faden gesagt), lett. dzergzde, dzerkstele (Gekräusel, Verwicklung, Verstrickung im Garn), lit. garánkšta, geránktštis (Schlinge). Dieser Bedeutung entspricht vollinhaltlich das Wort Kuralle, nur ist es aus nicht ersichtlichen Gründen der Lautverschiebung unterworfen gewesen.

Lauf (låif – M.) = Rad am Spinnrad. – Das zu »laufen, Läufer« gebildete Wort ist deshalb bedeutsam, weil es deutlich werden läßt, wie die noch immer nichtgermanisch betonte Grundsprache ständig bestrebt ist, klare Unterscheidungen zu schaffen. Ein Rad kann sich nur vom Ort fortbewegen. Da nach der Erfindung des Tretrads der gleiche Gegenstand am gleichen Platze blieb, wurde zu seiner Kennzeichnung auf das gleichwertige Wort »Lauf« ausgewichen – eine sprachliche Erscheinung, die bis in die jüngste Zeit andauert.

Rocken (rokkəl – M.) = die Gesamtheit des am Hinterteil des Spinnrades im »Galgen« steckenden Rockelstockes, ebenfalls kurz »Rockel« genannt, und des »angefärbten (umgelegten)« Flachses oder der Flachsdocke. – *Rockelband* (rokkəlbānd – N.) – Das Wort ist mit einem ideur. +varg (zusammendrängen, um etwas herumdrehen) in Verbindung zu bringen. Daraus bildete sich im Westgerm. ags. +rocca, an. rokkr und im Deutschen ahd. rocco, roccho, rocho, mhd. rocke (Rocken), was eigentlich »das sich drehende oder gedrehte, das drängend bewegte Spinngerät« bedeutet. Das Wort geht demnach auf das alte Spinnen mit der Spindel (also ohne Rad oder »Lauf«) und dem Spinnwirtel zurück. In Rockel statt Rocken wird die vorgerm. Lautverschiebung l>n deutlich, die sich in die Gemeinsprache eingeschlichen hat.

spinnen (špiͤnnən – V.) = Fasern aus Flachs (oder auch Wolle) zu einem Faden ziehen oder drehen. – Die ursprüngliche Bezeichnung für spinnen war vermutlich +farwen, +farben, +farpen. Unter »Gespinst« wurde deutlich, daß ein ideur. +pend, +spend die Grundbedeutung »spannen, dehnen« hat, lit. spéndžiu (spannen, mittels Spannen stellen, legen), lit. pìnti (flechten, winden). Das Wort »spinnen« ist im ideur. Raum also jünger als »+farwen, +farben, +farpen« für dieses Werken.

Wirtel (wërtəl – M.) = am Tret-Spinnrad eine Scheibe mit Rille für die Antriebsschnur. – Das Wort ist ideur. Wurzel +u̯ert (sich drehen), das eine Unzahl von Verzweigungen getrieben hat. In Richtung auf unser Arbeitsgerät haben sich gebildet aslav. vreteno (Spindel), lat. verticillus (Wirbel an der Spindel). Im Germanischen ist das Wort in dieser Bedeutung nicht belegt, während im Deutschen ahd. wirt (gewunden) wenigstens eine Nebenform aufzeigt. Aus einer Grundsprache steigt es dann auf mhd. wirtel (Spinnwirtel). Wie so oft, entspricht die Lautgestalt des Wortes in der Grundsprache noch heute derjenigen des Indoeuropäischen.

Weifen

Mit dem Verspinnen der Flachsfasern zu Fäden ist die Vorarbeit für das Weben noch keinesfalls beendet – ein deutlicher Hinweis darauf, daß im Wort Flachs nicht die Urbedeutung +plek (flechten, weben) enthalten sein kann. Die volle Rolle muß vielmehr aus dem Spinnrad herausgenommen und geweift werden. Dazu bedient man sich der Garnwinde, der Weife (waifən – F.), die anderwärts auch Haspel genannt wird. Sie besteht vollständig aus Holz und muß deshalb vom Drechsler angefertigt werden.

Seit dem ersten Drittel des zwanzigsten Jahrhunderts ist eine etwas verbesserte Weife in Benutzung. Auf einem Grundbrett ruht ein senkrecht stehendes Säulchen, das oben und unten gedreht, im Mittelteil jedoch vierkantig ist. Rechtwinkelig zum oberen Drittel ist eine unbewegliche Holzwelle befestigt, auf der die eigentliche Winde läuft. Diese ist eine Art Nabe, die am vorderen Ende etwa acht, am hinteren etwa vier Zentimeter Durchmesser hat, und an die ein »unendliches« Schneckengewinde befestigt ist, das in ein Zahnrad aus Holz mit vierzig Zähnen greift. Dieses Zahnrad ist in einem Schlitz des Vierkantteils des Säulchens eingelassen; es wird durch das Schneckenrad der Garnwinde in Bewegung gesetzt. Die Welle des Zahnrads besitzt einen Exzenter aus Holz, der laut einschnappt, wenn vierzig Umdrehungen erfolgt sind. Nach diesen vierzig Umdrehungen ist ein »Gebinde« entstanden.

Die eigentliche Winde ist eine Nabe mit sechs gleichweit voneinander in sie eingelassene Speichen, die jedoch am äußeren Ende nicht durch ein Rad miteinander verbunden sind. Vielmehr trägt jede dieser Speichen am äußeren Ende rechtwinkelig zur Drehrichtung eine halbrunde Krücke mit beiderseits etwa einem Zentimeter erhöhtem Rande, damit das aufgewundene Garn nicht abrutschen kann. Mit Hilfe eines Holzgriffes an einer der sechs Speichen kann nun die Weife in Bewegung gesetzt werden.

Soll geweift werden, dann wird die Garnrolle des Spinnrads auf das »Weifholz« gesteckt, das ist ein kurzer Holzgriff mit einer etwa fünfzehn Zentimeter langen Eisenspindel, auf der sich die volle Garnrolle leicht drehen läßt. Dann wird der Faden durch einen am linken Ende des Grundbrettes befestigten Drahtwinkel von Nagelstärke geführt und auf den Holzgriff an einer der Speichen gewickelt. Die Linke hält das Weifholz mit der gefüllten Garnrolle, während die Rechte den Holzgriff faßt und die Weife in Bewegung setzt. Nach vierzig Umdrehungen zeigt ein lautes Schnappen an, daß ein »Gebinde« von vierzig durch einen Querfaden abgeteilten Faden voll ist. Es wird an den äußeren Rand der Krücken geschoben. Nun kann weitergedreht werden, bis erneut ein »Gebinde« entstanden ist. Nach drei oder vier fertigen Gebinden wird »gefitzt«, das heißt mit einem etwa zwanzig Zentimeter übers Kreuz geführtem Faden werden die Gebinde deutlich voneinander getrennt oder abgeteilt. Bei Flachsgarn ergeben zwanzig Gebinde einen »Strang«, bei dem dickeren Werggarn zehn Gebinde eine »Zaspel«. In Oberdorla ergeben zwanzig Gebinde eine Zaspel, zwei Zaspel einen Strang, sechs Stränge ein Stück und zehn Stück und zwei Stränge ein Schock Tuch.

Soden

Mit dem »Soden« des Garns folgt die letzte Vorarbeit für das Weben. Dazu werden drei oder vier Strohseile kreuzweise in den (bis zum Ersten Weltkrieg) kupfernen Kessel gelegt, so daß ihre Enden über seinen Rand herausragen. Sodann werden mehrere Stränge oder auch mehrere Zaspel zu kleinen Ballen verschlungen, um so das Verwirren der Fäden zu vermeiden und nach dem Soden das Herausnehmen zu erleichtern, und auf die Strohseile gepackt. Auf das Garn schüttet die Hausfrau nun etwa eine Metze Buchenaschenlauge, füllt den Kessel fast bis obenhin mit Wasser und kocht das Garn bis zu zwei Stunden. Um ein Anbrennen des Garns zu vermeiden, wird es mit Hilfe der Strohseile von Zeit zu Zeit gedreht.

Das gut durchgekochte Garn wird nun im fließenden Wasser gespült, »s wërd gəschiͤllt = es wird geschillt«, was heute jedoch verboten ist, da die durch das Soden entstehende Säure Fische tötet. Die Stränge oder Zaspel werden dann ausgerungen und über glattgehobelte Garnstangen (Gōrnštångən – F.) zum Trocknen gehängt. Während des Trocknens werden sie ab und zu etwas gezupft, wobei immer noch einzelne Scheben herausfliegen. – Nun erst kann gewebt werden!

fitzen (fitzən – V.) = Gebinde voneinander trennen. – *Fitze* (fitzən – F.) = Faden, der die Gebinde voneinander trennt. – *Fitz* (fitz – M.) = Stückchen, eine Wenigkeit. »gëbb miͤch əmōl ënn fitz bruət = gib mir (mich!) einmal einen Fitz, ein Stück Brot«, eigentlich ein abgebrochenes, nicht aber abgeschnittenes Stück. – *verfitzen* (vərfitzən – V.) = Fäden verwirren; bildlich: verirren, einen falschen Weg laufen. – Das Wort in der Bedeutung trennen ist erstmalig im Deutschen belegt, und zwar ahd. fizza, fiza, vitza, mhd. vitze (eine Anzahl Fäden von den übrigen trennen). Kluge-Götze und Weigand möchten das Wort zu einem ideur. +pad (Fuß) stellen, da andere deutsche oder vorhergehende germanische Wortformen diesen Ursprung vermuten lassen (oder Lehnwörter aus dem Lateinischen sind). In Wirklichkeit ist es wohl ein ideur. Wort der Weberei, wie nach lett. pīt (flechten), pīte (Geflecht, Fußfessel der Pferde) mit zahlreichen Nebenformen geschlossen werden kann. Die richtige Schreibweise würde dann sein fitsen, was soviel bedeuten würde wie »einen pīt/fit machen (ein Gebinde von Fäden machen)«. In den baltischen Sprachen gehören zu lett. pīt, lit. pìnti solche Nebenzweige der

Bedeutungsentwicklung wie unser »verfitzen (verhaspeln, verworrenes Zeug reden)« oder auch »verfitzen (Fäden, Garn durcheinanderbringen, so daß es für den Gebrauch erst geordnet werden muß)«.

Gebinde (gəbeinə – N.) = vierzig abgeteilte Fäden beim Weifen oder Haspeln. – In gleichwertiger Bedeutung liegt das Wort nur vor mhd. gebinde (Band), gebint (Verbindung), gebinden (ein Band anlegen). Es entstammt einem ideur. +bhendh (binden, fesseln), dem wohl auch lit. pìnti (flechten, winden) mit zahlreichen Nebenzweigen entsprungen ist, im Germanischen gt. ags. bindan, an. binda, und im Deutschen as. bindan, ahd. bintan, pintan, mhd. binden (binden, verbinden, zusammenbinden, fesseln), aus dem das eine Menge bezeichnende Dingwort Gebinde sich geformt hat.

schillen (schiͤllən – V.) = Spülen. – *Schillchen* (schiͤllchən – N.) = Flurecke zwischen »Weberstedter Weg« im Osten und Rispel/Hispelbach im Norden, wo früher von zahlreichen Familien das gesodene Garn »geschillt = gespült« wurde. Im Flurbuch von 1575 heißt der Flurteil »vfm schilgen« oder auch »boberm schillchen«, im Flurbuch von 1739 »Schilchen«. – Dem Wort liegt ein ideur. +ski (scheiden, trennen) zugrunde, abg. čestiti (reinigen), lit. skíesti (voneinander trennen, scheiden) und über die Lautverschiebungen t>s, s>r, r>l an. skilja (trennen, scheiden), das jedoch ein mehr geistiges Tun bezeichnet, völlig in der Bedeutung unser »schillen (spülen, Trennen des Garns von der Säure)« mit zahlreichen weiteren Nebenformen.

soden (sōdən = geweiftes Garn kochen. – Das Wort gehört zur Familie »sieden, Sud, Absud«, setzt jedoch offensichtlich die germanische Lautgestalt fort: ags. seódhan, seàdh, suden, soden, an. siodha, sȳdh, saudh, sudhum, sodhinn. In gleicher Lautung erscheint mhd. sōt, nhd. Sodbrennen, das einen Geschmack ähnlich dem widerlich salzig-säuerlichen Geruch beim Soden des Garns bezeichnet. »iͤch můß nåch sōdə = ich muß (das Garn, und nur dieses!) noch soden«. Aus dieser Sicht ergibt sich die Weiterentwicklung der germanischen Wortformen ins Deutsche – ahd. siodan, mhd. sieden (kochen, sieden) – als ein Nebenzweig, der in der Grundsprache ebenfalls seine Entsprechungen hat: də sēdən (die Siede, das eingesottene Viehfutter), »də worscht můß nåch sīͤdə = die Wurst muß noch sieden«.

Strang (štrång – M.) = zwanzig Gebinde Flachsgarn. Zugrunde liegt ein ideur. +strangh, stragh, daraus im Germanischen ags. streng, an. strengr (Strick, Riemen), im Deutschen ahd. strang, mhd. strange, stranc (Strick, Seil). Da jedoch unser »Strang« ein Mengenmaß des geweiften Garns ist, besteht eher ein Zusammenhang mit dem nichtnasalierten ablautenden lit. srŭoga, strúoga (Gebinde Garn, Strähne, Büschel). Damit würde erneut der Beweis für die nichtgerm. Herkunft dieses Werkwortes der Flachsbereitung gegeben sein.

weifen (waifən – V.) = mittels der Garnwinde die Garnfäden zusammenfügen. – *Weife* (waifən – F.) = Garnwinde, anderwärts auch Haspel genannt. – *Weifholz* (waifhåilz – N.) – Dem Wort liegt ein ideur. +u̯eip (drehen, winden) zugrunde, im Lettischen viebt (sich drehen), im German. bivaibjan (bewinden), vipja (Kranz) und im Deutschen ahd. wīfan, wīfen, mhd. wīfen (winden; windend oder wie windend schwingen), weifen (schwingen machen, haspeln) – mhd. weife (Garnwinde, Haspel).

Zaspel (zåspəl – F.) = zehn Gebinde des dicken Werggarns. – Wie aus mhd. zalspinnel, zalspil, zalspille (Garnwinde) ersichtlich, ist die Bezeichnung für das Mengenmaß aus zwei verschiedenen Wörtern zusammengeflossen, ganz abgesehen davon, daß zusätzlich eine Bedeutungsübertragung von der »Spindel, die zehn Gebinde fassen kann« auf die »Gesamtheit von zehn Gebinden« stattgefunden hat. Der zweite Wortteil ist zu Gespinst und spinnen zu stellen. Den ersten Wortteil stellen Kluge-Götze und Weigand zu »Zahl (Garnmaß)«, was es überhaupt nicht gegeben hat. Es ist vielmehr entsprechend dem in der Grundsprache noch heute üblichen »Wůllənzåil (Wollenschwanz, Wollenzagel)« zu stellen, der beim Verspinnen über den Schoß gelegt und nicht etwa um den Rocken gewunden (angefärbt) wird, in Hessen und Nordfranken zāl, zael (Fransen eines Gewebes, Schwanz).

Weben

Ursprünglich ist jede Hausfrau ihre eigene Weberin gewesen. Funde lassen vermuten, daß der Webstuhl bereits eine Erfindung der Jüngeren Steinzeit zwischen 4.000 und 1.800 vZtw. war; er scheint aufrecht gestanden zu haben, so daß im Weben eine verbesserte Form des Flechtens gesehen werden kann. Es ist naheliegend, daß es von Anfang an eine Winterbeschäftigung war, die seit dem Eintritt der Klimaverschlechterung um 1.000 vZtw. im unterirdischen Dung, dem »Webgemach der Frauen«, ausgeübt wurde. Schon in karolingischer Zeit scheinen sich jedoch – zuerst in den Städten, dann aber auch in den Dörfern – einzelne Handwerke und mit ihnen auch das der Weberei herausgeformt zu haben. Die dörflichen Leineweber (das Weben der Wolle überließ man bis in die jüngste Vergangenheit den städtischen Gewerken) arbeiteten jedoch bis in die erste Hälfte des neunzehnten Jahrhunderts nur für sich selbst und die Verwandtschaft. So war auch mein 1770 geborener Urgroßvater Heinrich Adam Röth Anspänner und Leinenwebermeister, was deutlich werden läßt, daß das Weben nur Nebenbeschäftigung während der Wintermonate war, wie ja bis in die jüngste Vergangenheit jeder Dorfhandwerker nebenher oder sogar hauptsächlich Bauer gewesen ist. Als zur Lohnarbeit für auswärtige Betriebe übergegangen wurde, waren es nur wenige Familien, die diesem Gewerbe nachgingen. Diese Hausgewerbetreibenden verarbeiteten selbstverständlich nun auch andere Werkstoffe als nur Leinen oder seltener Wolle, so vor allem Baumwolle mit dem so beliebten Anschrut, oder ein »Kümmel und Salz« genanntes Gemisch von Baumwolle und Leinen, bei dem Längsfäden aus Leinen, die Querfäden aus schwarzgefärbter Baumwolle bestehen. Die Bezeichnung ist wohl von dem gesprenkelten Aussehen dieses Stoffes hergeleitet. Die Pietisten (etwa 1670 bis 1740) trugen die »Pfeffer und Salz«-Farben bevorzugt als Zeichen ihrer Demut zur Schau. Mehr als fünfzehn, sechzehn als Hausgewerbetreibende tätige Weber hat es im Zeitraum zwischen 1870 und dem Ersten Weltkrieg in unserm Dorf sicher nie gegeben. Die Vergütung des Webers für die geleistete Arbeit war äußerst gering, weshalb wohl der eine oder andere vom angelieferten Garn eine kleine Menge für sich beiseite schaffte. Es wurde deshalb gemunkelt, jeder Weber besitze zwischen Webstuhl und Ofen eine »Hölle« (hëll – F.), in der er angeblich diese Reste verberge, um sie später für seinen eigenen Bedarf zu verarbeiten. Mit der Anlieferung der erforderlichen

Menge Garn waren Brot, Roggenmehl und Speck zu überbringen; aus Brot und Roggenmehl mußte Schlichte gekocht werden. Schlichte und Speck sind zum Schlieren der Längsfäden erforderlich. 1840 sollen sieben berufliche Leineweber in Flarchheim tätig gewesen sein.

Bleiben wir aber beim bäuerlichen Hausweber, wie er in die dörfliche Gemeinschaft gehörte und nur für Verwandtschaft und Nachbarn in den Wintermonaten arbeitete! Hatte sich im Haushalt eine genügend große Menge von Strängen Flachsgarn oder Zaspel Werggarn aufgesammelt, dann bestellte die Hausfrau bei ihrem verwandten oder befreundeten Weber eine entsprechende Anzahl Mandel oder sogar Schock Tuch. Eine Mandel Tuch war fünfzehn Ellen, ein Schock Tuch dagegen sechzig Ellen lang. Zu Beginn des zwanzigsten Jahrhunderts waren Stäbe in Benutzung, die auf der einen Seite die sächsische Elle (Flarchheim gehörte bis 1815 zu Kursachsen) in der Erfurter Größe von 56,3062 cm zeigte, auf der anderen aber die jüngere preußische Elle zu 66,693878 cm. Bei der Auftragserteilung mußten außer der Menge die Wünsche hinsichtlich der Verarbeitungsweise geäußert werden. Aus Leinengarn konnten verschiedene Stoffarten angefertigt werden. Drell oder Drillich ist ein Leinengewebe aus dreifachen Fäden, das ganz besonders haltbar ist. Säcke aus Drell sind oft hundert oder mehr Jahre alt; Namen von drei Generationen auf ihnen sind keine Seltenheit. Auch Strohsäcke in den Betten, sowie die Unterbetten selbst wurden aus Drell gefertigt. Wichtig für den bäuerlichen Haushalt sind vor allem die Klengtücher, die auch als Wagenplanen und als Unterlage auf Spreuwagen beim Getreidedrusch im Dreschschuppen benutzt werden. Schließlich benötigt auch der Polsterer Drell. Noch Ende des neunzehnten Jahrhunderts war nur der Ausdruck »Drell« gebräuchlich, was aus der geographischen Lage zwischen Niederdeutsch und Mitteldeutsch verständlich ist. Erst die zum Wehrdienst eingezogenen Jungbauern haben dafür »Drillich« eingebürgert. Daneben ist Zwillich ein Leinengewebe aus zweifachen Fäden, das besonders für Handtücher und kleinere Säcke, jedoch früher auch für Körperwäsche, Einbreitstücher (īnbraitsdůch = Bettuch), selbst Tischtücher verwendet wurde.

Beiderwand ist ein Gemisch aus Leinen und Wolle oder ein geringwertigeres Austauschgarn und Kammlöck, also ein Tuch aus zweierlei Stoffen; Leinen bildet die Längs-, Wolle die Querfäden oder den Einschlag. Vor der Verarbeitung wird die Wolle grün oder schwarzgrün, das Leinen jedoch schwarz gefärbt, so daß ganz abgedämpfte Farbzusammenstellungen entstehen. Verwendet wird es meistens für Frauenröcke und Arbeitsjacken für Männer, früher auch Spankittel. Etwas seltener sind Frauenjacken aus Beiderwand, sowie Arbeitsschürzen. Ausnahmsweise gibt es auch einmal Männerhosen aus Beiderwand, dann jedoch meistens aus abgelegten Frauenröcken gefertigt.

Daß in früheren Jahrhunderten die Frauen und Mädchen ganz allgemein Beiderwandkleider trugen, ist einem Bauernspruch zu entnehmen:

Baidərmånnsrekk ůn re/indladdərschů –
de/i kůmmən dān burənmachən zů!
Beiderwandröcke und Rindlederschuh –
die kommen den Bauernmädchen zu!

Der Spruch war nicht etwa von mißgünstigen Städtern geprägt worden, sondern von älteren über die Putzsucht der Jugend empörten Bauern selbst.

Rasch ist ein leichter, lockerer, meist gestreifter Stoff aus feingesponnener Wolle, der in den letzten Jahrzehnten auch von den dörflichen Webern hergestellt werden konnte.

Schließlich wird noch Werkenes Tuch aus dickem und knotig gewebten Werggarn hergestellt, das vor allem zu Keltertüchern und Mattensäcken zur Quarkbereitung sowie zu Aschetüchern fürs Laugebereiten hergestellt wird, weil es sehr durchlässig ist. Ebenso wird es vom Polsterer als Grundüberzug verarbeitet. Werkenes Tuch ist also nicht schlechthin von Werg gearbeitet, sondern von einer minderwertigen Sorte. Bessere Sorten ergeben Stoff für Klengtücher und Säcke, zusammen mit Kammlöck eine Art Beiderwand, heißen dann aber nicht Werkenes Tuch. Vor allem darf das nicht als »gewirktes (gewebtes)« Tuch gedeutet werden.

Die Hauswebstühle sind die üblichen mit einer Grundfläche von etwa dreieinhalb bis vier Geviertmeter und einer Höhe von nicht ganz zwei Meter; sie bestehen fast völlig aus Holz. In die beiden Seitenteile sind die Walzen oder »Bäume« eingelassen, von denen der »Stoffbaum« zum Aufwickeln des fertiggewebten Tuches und der »Garnbaum (gōrnbåim)« die auch am einfachsten Webstuhl vorhandenen gewichtigsten sind.

Die erste Arbeit des Webers ist das »Anscheren (oanschiərən)« das heißt die Längsfäden des künftigen Webstücks werden mit einem kleinen noch am Garnbaum sitzenden Rest des vorhergehenden Webstücks fein säuberlich nebeneinander verknüpft, sie werden »angedreht (oangədriət)«. Ein ähnlicher Ausdruck ist »anzetteln« (den Aufzug eines Gewebes herrichten). Meint man diese Arbeit in der Gesamtheit, dann sagt man »s wërd ůffgəbaimt = es wird aufgebäumt« oder die Fäden werden »ůff dn schiərbåim gəzåin =

auf den Scherbaum gezogen«. Je nach der gewünschten Breite auf diese mühsame Weise eintausend bis dreizehnhundert Fäden »anzudrehen«, was eine Stoffbreite von hundert bis hundertdreißig Zentimenter ergibt. Die Gesamtheit dieser Längsfäden wird »ānschiər« oder auch »Kette (keadən)« genannt. Das Wort Kette in dieser Bedeutung ist erst seit Mitte des neunzehznten Jahrhunderts von den für städtische Betriebe in Lohn stehenden Webern verwendet worden, hat sich aber gegen das noch weit ins zwanzigste jahrhundert gebräuchliche »ānschiər« nicht durchzusetzen vermocht. Die Kettenfäden werden »ins kriz gəlāsən = ins Kreuz gelesen«, das heißt so über zwei runde Kreuzstäbe geführt, daß die ungeraden über den ersten und unter den zweiten, die geraden aber unter den ersten und über den zweiten Kreuzstab laufen. Zwei etwa einhundertzwanzig Zentimeter lange und zehn Zentimeter hohe Rahmen, je einer für die geraden und die ungeraden Kettenfäden, die senkrechte Stäbchen mit einer Öse in der Mitte für das Durchziehen der Fäden besitzen, nehmen diese nun auf und führen sie über den Kamm zum Stoffbaum, wo die Enden befestigt werden. Nun wird der Scherbaum (der Garnbaum) so lange um seine Achse gedreht, bis die ganze Länge der Fäden aufgewickelt ist.

Bevor mit der Arbeit begonnen werden kann, muß das »ānschiər«, die Kette nämlich, geschliert (gəschleart) werden, das heißt zwei Bürsten werden in Roggenmehlschlichte getaucht und mit ihnen zu gleicher Zeit die obere und die untere Seite der Kette eingeschmiert, um auf die Weise rauhe Fäden zu glätten und zu schwach gedrehte widerstandsfähiger zu machen. Anschließend wird geschabter Speck zu gleichem Zwecke ebenfalls auf beide Seiten der Längsfäden verrieben; außerdem sollen sie dadurch leichter durch das Geschirr gleiten. Um ein rascheres Trocknen zu erreichen, wird nun mit zwei Gänsefittichen beiderseits »we/ind gəmåcht – Wind gemacht«. Damit ist der erste Teil der Vorbereitung zum Weben beendet.

Der zweite Teil der Vorbereitung ist wesentlich einfacher: es ist das Aufwickeln des Garns für die Querfäden mit Hilfe des Spulrads auf Spulen. Es muß darauf geachtet werden, daß sich die Fäden beim »Durchschießen« einwandfrei abwickeln lassen und nicht abreißen. Manche Weber dämpfen das »Einschlaggarn« vor dem Spulen, weil es sich auf diese Weise beim Weben leichter anpressen läßt. Jede Spule fasst etwa fünfzig Meter des Einschlaggarns.

Beim Weben werden mit den Füßen in Holzpantoffeln oder in Strümpfen mit untergelegtem Drell (Båstən), die auch Dämmellatschen genannt wurden, bei gewöhnlichem Leinen zwei Schemel (schëmməl – M.) getreten, während die Linke mit einem Zuck der von oben herabhängenden »Handhabe« den Schützen (schitz – M.), anderwärts auch Schiffchen genannt, mit dem aufgespulten Einschlaggarn in Bewegung setzt und so in die Kette der Längsfäden die Querfäden »einschießt«. Nach jedem »Schuß« drückt die Rechte die »Lade« mit dem »Scheidekamm (schaidəkåmm – M.)« fest an, er wird »angeschlagen (oangəschlåin)«, und dieser »Anschlag (oanschloag – M.)« bewirkt die Gleichmäßigkeit des Gewebes.

Das Hinüber und Herüber des Schützen bewirkt, daß beiderseits des Webstücks ein natürlicher fester Saum entsteht, das »Salzwëng«, fälschlich verhochdeutscht mit »Salband«, das nicht ausfransen kann. Am Schluß des gewebten Stückes bleiben Fransen von vierzig bis fünfzig Zentimeter Länge ohne den querlaufenden Einschlag. Zwei oder drei dieser vom Weber mit zurückgelieferten Fransen, Drasseln genannt, werden zusammengedreht und ergeben Wurstbänder. Arbeiteten die Weber in Baumwolle, dann »schnurrten« sich die Schulmädchen die Reste der bunten Fäden, um sich aus ihnen Bälle zu stricken.

Bleichen

Das vom Weber abgelieferte Tuch ist grau und unansehnlich. Es wird deshalb anschließend auf einer sonnenbeschienenen Rasenfläche gebleicht, das heißt ausgespannt, an den vier Ecken festgepflöckt und täglich vier- bis fünfmal aus einem Topf oder Eimer mit Wasser besprengt oder »geleckt (gəlëkkt)«, neuerdings mit der Gießkanne begossen. Dazu wird möglichst fließendes Wasser verwendet, weil dieses weich ist. Zwischendurch wird es auch noch mehrmals im Waschkessel mit Bleichsoda bearbeitet.

Das endlich blütenweiß gewordene Linnen (linn – N.) wird zusammengerollt in der Lade (loadən – F.) und neuerdings im Wäscheschrank zu späterer Verwendung aufgehoben. Zwischen die Tuchballen wird blühender Steinklee oder der kräftiger duftende Boleich (Feldthymian) gelegt, um ihnen einen angenehmen Geruch zu verleihen. Noch zu Beginn des zwanzigsten Jahrhunderts wurde Linnen verarbeitet, das am Anfang des neunzehnten gewebt worden war.

andrehen (oandriə – V.) = Längsfäden eines Webstücks mit Resten des vorhergehenden verknüpfen. – Im übertragenen Sinne bedeutet andrehen, »jemand etwas anhängen, aufschwatzen«, eine demnach aus der Webersprache übernommene Bezeichnung. – Zugrunde liegt ein ideur. +ter, +trē (drehend bohren), daraus im Germanischen ags. thrāwan und im Deutschen as. thrāian, ahd. drāhan, drājan, thrāan, drāen, mhd. dræjen, dræn (drehen, drechseln; sich drehend oder wirbelnd bewegen).

anschieren – Anschier: siehe »scheren«.

Anschrut (oanschruət – M.) = Webrand bei guten Kleiderstoffen, der vor der Verarbeitung abgerissen und zuweilen als Band benutzt wird; er ist einen bis anderthalb Zentimeter breit. – Das Wort gehört zu einem ideur. +skru (schneiden, hauen), jedoch schwerlich zur Weiterentwicklung im Germanischen, etwa ags. scrūd (Kleidung), an. skrūdh (bessere ausgesuchte Kleidung, Schmuck, Putz), auch nicht zu ags. screádjan (beschneiden) und im Deutschen ahd. scrōtan, scrōten, scrōtin, mhd. schrōten (hauen, schneiden, ab-, zer-, zuschneiden) – ahd. scrōt, mhd. schrōt (Schnitt eines Kleides; abgehauenes oder abgeschnittenes Stück). Vielmehr scheint es sich um ein ideur. Wort zu handeln, entsprechend lit. ãtskrabas (Rand, Abfall, Rest, Krempe), das in zahlreichen Nebenzweigen mit der gleichen Grundbedeutung belegt ist, in der ablautenden Wortform (oan)schruət aber auch bereits in den baltischen Sprachen auftritt: lit. skrúostas (Rand der Wange), auch lit. skur̃lis (Fetzen, Flicken, Lappen). Der »Anschrut« ist tatsächlich der Rand, der zur Verarbeitung nicht benötigte Abfall des guten Kleiderstoffes, der deshalb abgeschnitten wird.

Beiderwand (baidərwānd – F.) = Tuch aus zweierlei Stoffen. Öfter als »baidərwānd« hört man die entstellte Wortform »baidərmånnstůch«. Der erste Wortteil bezieht sich wie in »beide, beiderlei, beiderseits« auf die zwei verschiedenen zusammen verarbeiteten Werkstoffe. Im zweiten Wortteil steckt wie in »Gewand, Leinewand« ein ideur. +vadh (winden, binden), weiterentwickelt zu ideur. +wē (weben), daraus im Germanischen ags. waēd, an. vādh (Kleid), im Deutschen as. wād, ahd. mhd. wāt (Kleidung; Rüstung). Unter dem Einfluß des Brauches, das Gewebte in »zusammengewundenen Tuchballen« bis zum Verbrauch aufzuheben, also des Wortes »wenden (winden machen)«, erscheinen im elften Jahrhundert badagiwant (Badegewand,

Badekleid), untarwanth (Untergewand, Unterkleid), so daß wir heute statt gewāt das übliche Gewand gebrauchen.

Drassel (dråssəl – F.) = etwa vierzig bis fünfzig Zentimeter langes Ende der Längsfäden am fertiggewebten Tuch. – Das Wort ist weder im Mittel- oder Althochdeutschen, noch im Germanischen belegt. Eine Untersuchung der baltischen Sprachen erweist es als nichtgerm.-ideur. Im Baltischen sind belegt lit. draskà (platter Holzspan), draskỳti (zerren, reißen), draĩskalas (abgerissenes Stück, Fetzen), lett. draiskât (reißen), ablautend lit. drūžẽ (Streifen), druczlẽ (Hobelspan). Alle diese Wörter und ihre zahlreichen Nebenzweige sind durch Metathese aus einem ideur. +der- (zerren, die Haut abziehen, schinden) entstanden: av. dərəz (Band, Fessel), lit. dir̃žas, lett. dir̃ža (Riemen, Gürtel), in einer weiteren Ablautung lit. núodaras, lett. nuodara (Abfälle von Bastfäden).

Drell – Drillich (drël – drillich – M.) = Leinengewebe aus dreifachen Fäden. Das Wort Drillich ist eine naheliegende Umdeutschung von lat. trilīcis (dreifädig) zu ahd. drilīch (dreifach) und mhd. drilch (mit dreifachem Faden gewebte Leinewand). Das Wort Drell dagegen dürfte enger an ags. thearl (stark, heftig) und im Deutschen erst wieder mhd. drël (fest gedreht, rund wie gedrechselt, derb) anzuschließen sein, wobei das Zahlwort ideur. tri (drei), im Germanischen gt. thrija, ags. thrī, threó, an. thrīr, thriar, thriu und im Deutschen as. thri, ahd. drī, dhrī, thrī, trī, mhd. drī mit hereingespielt hat.

Hölle (hëll – F.) = enger Winkel, in dem angeblich der Weber kleine Mengen verbirgt. – Das einer vorgerm. Wurzel +kal (verbergen), ideur. +skar (verdecken, beschütten) zugehörende Wort entwickelt sich schon von germanischer Zeit an in zwei verschiedenen Bedeutungsrichtungen: 1. Ort der ewig Verdammten, 2. enger Raum zwischen Ofen und Wand. Im nichtgerm.-Ideur. kennt das Wort nur diese zweite Bedeutung: bulg. klánik (Raum zwischen Herd und Wand), lit. klëtis, lett. klẽts (Vorratshaus, Speicher), lat. callis (schmaler Fußsteig über Berge und Anhöhen). Im Germ. entspricht ihr ags. heal, hal (Winkel, Ecke) und erst wieder mhd. hœle (Verheimlichung). Zugrunde liegt im Germanischen ags. hëlan und im Deutschen ahd. hëlan, hëlen, mhd. hëlen, hëln (geheim halten, verbergen). In der Grundsprache wird demnach die Urbedeutung des Wortes bis in die Gegenwart weitergeführt.

Kette (keadən – F.) = Gesamtheit der Längsfäden. – Das Wort ist Lehnwort aus dem Lateinischen: catēna. Im Deutschen erscheint es als ahd. chetinna, ketina, chetēnna, mhd. ketene, keten, ketten.

Rasch (råsch – M.) = leichter Wollstoff. Nachweislich der urkundlichen Belege ist er nach der nordfranzösischen Stadt Arras genannt, die viele Jahrzehnte lang ganz Europa mit ihm versorgte. Um 1370 wurde er auch in Deutschland nachgewebt und arreis, später arras genannt, frühnhd. rasch. Die Meinung Kluge-Götze's, das Wort sei inzwischen untergegangen, trifft nicht zu.

Salbende (såləwëng – N.) = der Saum beiderseits des Webstücks. – Der erste Wortteil kehrt wieder in »selbst, selbdritt, selbander«: gt. silba, ags. sylf, an. sjalfr und im Deutschen as. sëlf, ahd. sëlb, sëlp, mhd. sëlp. Der zweite Wortteil bezeichnet das »Ende«. Richtig ist mhd. sëlbende (das eigene, nicht angesetzte, sondern beim Weben entstandene natürliche Ende des Gewebes), dem lautgesetzlich unser »såləwëng« entspricht.

Scherbaum (schiərbåim – M.) = Garnbaum. – *anscheren* (oanschiərən –V.) = anderer Ausdruck für »andrehen«. – Anschier (oanschiər –N.) = ältere, jedoch bis zum Ende der Weberei vor dem Ersten Weltkrieg übliche Bezeichnung für die Gesamtheit der Längsfäden. Untersucht man das überlieferte deutsche und vorhergehende germanische Wortgut, dann ergibt sich zwar eine Fülle von sinnähnlichen Nebenzweigen, jedoch nicht einen einzigen wirklich zutreffenden Wortbeleg. Die baltischen Sprachen haben jedoch eine Fülle von völlig sinngleichen Bezeichnungen: lit. skiẽtas, lett. šķiets (Weberkamm), lit. skiemuõ (Öffnung zwischen zwei Streifen der Kette, wo das Schiffchen mit dem Faden durchgeht, Längsfädenbündel beim Weben), lit. skíemenys (Weberfaden, Scher- oder Webergänge, dünne Latten am Webstuhl zum Auseinanderhalten der Längsfäden), skiemenūoti (beim Weben das »Fach« öffnen und schließen), lett. šķiemeñe (Zwischenraum, welchen das Weberschiffchen durchfliegt), šķiemene (Scheidung der Längsfäden). Alle diese Wörter sind Weiterbildungen aus ideur. +skai-, skī- (voneinander trennen, scheiden). Sie weisen teilweise noch das urzeitliche »t« auf, anderseits haben sie die Zweite nichtgerm.-ideur. Lautverschiebung durchlaufen t>s (nicht belegt), s>r (unser »Schiərbåim«), r>l (nicht belegt), l>n oder m (skiemuõ und Nebenformen). Daraus ist ersichtlich, daß ein nichtgerm. Wort die Grundlage zu »Schiərbåim, oanschiərən, Oanschiər« bildet.

schlieren (schlearən –V.) = den Anschier mit Schlichte und mit Speck einreiben. – Zugrunde liegt ein ideur. +sli-, slei- (gleiten, schlüpfen), das in den baltischen Sprachen zahlreiche Nebenzweige getrieben hat: lit. sliaũkti (mit dem Besen leicht obenhin wischen). Im Germanischen ist das Wort nicht belegt, steigt jedoch im Deutschen aus der vorgerm. betonten Grundsprache auf als mhd. sliere, slier (schmierige, klebrige Masse), gleichen Stammes mit ags. an. slīm (Schleim, Schlamm), im Deutschen ahd. slīmen (glatt machen, von anklebenden fremden Bestandteilen reinigen, blank schleifen), mhd. slīm (glatte zähe klebrige Masse, Schleim, schmierige Bestandteile).

Zwillich (zwi̊lli̊ch –M.) = Leinengewebe aus zweifachen Fäden. – Wie Drillich zu »drei«, so ist das Wort Zwillich zu »zwei« aus lat. bilīx (zweifädig) lehnübersetzt: ags. twilīc und im Deutschen ahd. zwilīh, mhd. zwillich, zwilch. Daneben steht jedoch das aus bodenständiger Wurzel entstandene gt. tveihnai, und im Deutschen ahd. zwinal, zwinel, zwënel (doppelt), so daß Lehnübersetzung und Erbwort engstens nebeneinander stehen.

Wörterverzeichnis

Schrifttum

Otto Behaghel: Geschichte der deutschen Sprache. Halle/S.1928

Martha Bringemeier: Vom Brotbacken in früherer Zeit. Münster 1961

Alfred Fiedler: Zur Frage des privaten und kommunalen Backens in den Dörfern Sachsens während des 18. und zu Beginn des 19. Jahrhunderts. Dresden 1963

Ernst Fraenkel: Litauisches etymologisches Wörterbuch. Heidelberg 1959 ff.

Jacob und Wilhelm Grimm: DWB Deutsches Wörterbuch Leizig 1854 ff.

Rolf Hachmann/Georg Kossack/Hans Kuhn: Völker zwischen Germanen und Kelten. Neumünster 1962

Hermann Hirt: Etymologie der neuhochdeutschen Sprache. München 1900

Friedrich Kluge/Alfred Götze: Etymologisches Wörterbuch der deutschen Sprache. Berlin 1953

Friedrich Kluge/Walther Mitzka: Etymologisches Wörterbuch der deutschen Sprache. Berlin 1963

Lutz Mackensen: Deutsche Etymologie. Bremen 1962

Hans Meise: So backt der Bauer sein Brot. Ein volkskundlicher Beitrag zum bäuerlichen Brotbacken und zur Entwicklung von Backöfen und Backhäusern. Bielefeld 1959

Hermann Menge-Güthling: Griechisch-deutsches Hand- und Schulwörterbuch. Berlin 1913

Hermann Menge-Güthling: Lateinisch-deutsches und deutsch-lateinisches Wörterbuch. Berlin 1950

Eduard Ozolin: Lettisch-deutsches und deutsch-lettisches Wörterbuch. Riga 1928

Hermann Paul: Deutsches Wörterbuch. Halle/S, 1956

Pflüger. Thüringer Monatsschrift. Mühlhausen/Th. 1924

Julius Pokorny: Zur Urgeschichte der Kelten und Illyrier. Halle/S. 1938

Erich Röth: Sind wir Germanen? Das Ende eines Irrtums. Bad Langensalza 2005

Erich Röth: Mit unserer Sprache in die Steinzeit. Bad Langensalza 2006

Erich Röth: Lebens- und Jahresfeste in Nordwestthüringen. Bad Langensalza 2017

Erich Röth: Der Bauer als Ackermann. Bad Langensalza 2018

Erich Röth: Bäuerliche Tätigkeiten. In Scheune, Stall, Haus und Hof. Bad Langensalza 2018

Erich Röth: Tiere auf dem Bauernhof. Bad Langensalza 2018

Oskar Schade: Altdeutsches Wörterbuch. Halle/S. 1882

Carl Christian Ullmann: Lettisches Wörterbuch. Riga 1872

Martin Wähler: Thüringer Volkskunde. Jena 1940

Friedrich Weigand: Deutsches Wörterbuch. Gießen 1909/10

Heinrich Wesche: Unsere niedersächsischen Ortsnamen. 1957

Renate Winter: Zur bäuerlichen Butterarbeit im ehemaligen Pommern. Deutsches Jahrbuch für Volkskunde. Berlin 1966

Ebenfalls im Verlag Rockstuhl erschienen:

Erich Röth
Bäuerliches Leben um 1900
Lebens- und Jahresfeste in Nordwestthüringen
Band 1

270 Seiten, Paperback
ISBN: 978-395966-199-7

Erich Röth
Bäuerliches Leben um 1900
Der Bauer als Ackermann
Band 2

220 Seiten, Paperback
ISBN: 978-3-95966-281-9

Erich Röth
Bäuerliches Leben um 1900
Bäuerliche Tätigkeiten in Scheune, Stall, Haus und Hof
Band 3

192 Seiten, Paperback
ISBN: 978-3-95966-347-2

Erich Röth
Bäuerliches Leben um 1900
Tiere auf dem Bauernhof
Band 4

180 Seiten, Paperback
ISBN: 978-3-95966-386-1

Diether Röth
Verlag in zwei Diktaturen
Der Erich Röth Verlag – eine Dokumentation zur Zeitgeschichte

324 Seiten, gebunden
15,4 x 2,6 x 21,8 cm
ISBN: 978-395966-131-7

Erich Röth
Mit unserer Sprache in die Steizeit
Mitteldeutsches Wortgut erhellt die Ur- und Frühgeschichte

270 Seiten, Paperback
14,9 x 4,6 x 21,2 cm
ISBN: 978-3937135472

Erich Röth
Sind wir Germanen
Das Ende eines Irrtums
2. Auflage

400 Seiten, Paperback
14,9 x 4,6 x 21,2 cm
ISBN: 978-3938997499